剪映

AI自媒体视频

生成/剪辑/创作从入门到精通

宋夏成 ◎ 编著

人民邮电出版社

北京

图书在版编目（CIP）数据

剪映 AI 自媒体视频生成/剪辑/创作从入门到精通 /

宋夏成编著. -- 北京 ：人民邮电出版社，2025.

ISBN 978-7-115-65536-3

Ⅰ. TN948.4-39

中国国家版本馆 CIP 数据核字第 2024FP2320 号

内 容 提 要

这是一本针对自媒体博主和短视频爱好者需求编撰的，讲解剪映和 AI 工具操作的入门级技术图书。本书内容由浅入深，全面覆盖剪映及其 AI 功能的各个方面，旨在帮助读者提升视频创作的效率和质量。

本书从剪映的基础操作开始，详细介绍软件的界面布局、工具和功能，以及剪辑技巧等，让读者能够熟练掌握剪映的基础操作，在实际创作中更加得心应手。接下来介绍剪映的 AI 功能，以及两款实用的 AI 工具——豆包和即梦。通过具体的操作指导，读者将能利用这些 AI 工具提升创作效率，丰富创作内容。

最后，为了帮助读者更深入地理解剪映搭配 AI 工具创作视频的全貌，本书特别设计了制作实训，讲解自媒体短视频、动画片、微电影等多种类型的视频创作流程。通过对这些案例的深度剖析，读者不仅能够了解理论知识，更能够掌握实际操作技能，全方位提升视频创作能力。

本书附赠配套项目文件、素材文件、教学视频和电子书，以方便读者阅读、实践。

本书适合自媒体博主、新媒体从业者、电商运营人员、短视频制作爱好者和对 AI 技术感兴趣的群体阅读。

◆ 编　著　宋夏成
　　责任编辑　王　冉
　　责任印制　陈　犇
◆ 人民邮电出版社出版发行　　北京市丰台区成寿寺路 11 号
　　邮编　100164　　电子邮件　315@ptpress.com.cn
　　网址　https://www.ptpress.com.cn
　　北京捷迅佳彩印刷有限公司印刷
◆ 开本：700×1000　1/16
　　印张：7.5　　　　　　　　　　　　2025 年 1 月第 1 版
　　字数：174 千字　　　　　　　　　2025 年 4 月北京第 2 次印刷

定价：39.90 元

读者服务热线：(010)81055410　印装质量热线：(010)81055316
反盗版热线：(010)81055315

前言

随着技术的不断进步，人工智能（AI）已成为推动各行各业发展的重要力量。在自媒体和影视相关行业，AI的应用带来了前所未有的变革。本书正是在这样的背景下应运而生的，旨在为从业人员提供一个全面、深入的视角，帮助他们更好地理解和利用AI工具，以提升创作效率和作品质量。

视频创作是一个复杂且充满挑战的过程，从构思、拍摄到后期制作，每一个环节都需要创作者投入大量的时间和精力。然而，随着AI技术的引入，这一过程正在发生显著的变化。AI不仅可以帮助创作者在拍摄时更加高效地完成工作，还能在后期制作中提供有力的支持，从而极大地提升创作效率和作品的表现力。

剪映是一款广受欢迎的视频编辑软件，本书从剪映的基础功能入手，详细介绍其操作界面、剪辑技巧、特效应用等内容。更重要的是，本书还深入探讨剪映的AI功能，展示如何利用AI技术进行智能剪辑、素材匹配、字幕添加等，从而使视频创作变得更加轻松和高效。

字节跳动作为科技公司，其旗下的多款AI工具，如即梦和豆包，也在视频创作领域发挥着重要作用。即梦通过其强大的AI算法，能够实现视频内容的智能生成和编辑；而豆包可以设定剧情框架，为视频创作者提供了极大的便利。本书将深入介绍这些工具的特点和应用，帮助读者更好地理解和利用这些工具。

视频素材生成方面，市面上有许多优秀的AI工具，如Runway等。这些工具通过先进的AI技术，帮助创作者在制作视频时实现更多的创意和可能性。本书将详细介绍这些工具的功能和应用，帮助读者更好地利用这些工具，提升自己的视频创作能力。

在AI技术的赋能下，视频创作正迎来一个全新的时代。从业人员需要抓住这一机遇，积极学习和掌握AI工具，提升自己的专业技能。同时，也需要面对由此带来的挑战，如版权问题、隐私问题等，读者应多加小心。

希望本书能激发读者的创造力，帮助读者在视频创作的道路上不断前行，创作出更多优秀的作品。让我们一起迎接AI带来的无限可能，探索视频创作的新世界。

宋夏成

2024年12月

目录

目录

第 1 章

认识剪映的
操作界面

1

本章主要介绍剪映的操作界面和基本功
能。如果读者在学习过程中有一些不解或对
部分功能的使用方法始终无法掌握，不用担
心，可以在后续的学习中边操作边熟悉。

1.1 开始界面

剪映的开始界面可以分为4个部分,依次是菜单栏①、创作区②、草稿区③、账户信息区④,如图1-1所示。下面分别进行介绍。

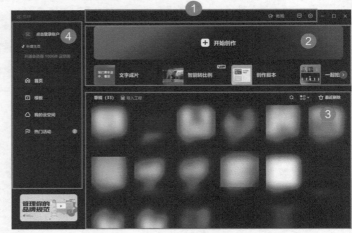

图1-1

1.1.1 菜单栏

在剪映开始界面的菜单栏中,有"剪辑教程" ➋ 教程、"意见反馈" 🔲 和"全局设置" ⚙ 3个选项,如图1-2所示。

图1-2

1.剪辑教程

单击"剪辑教程"后,浏览器会打开"剪映创作课堂"网页,该页面汇集了众多高质量的教程资源,如图1-3所示。它提供了一个全面的教程体系,旨在帮助用户精进视频编辑技能,并深入探索剪映的多样化功能。

图1-3

我们可以根据教程的分类和名称，寻找所需的剪映教程。同时，通过各个教程的学习次数，我们能够了解这些教程的受欢迎程度，如图1-4所示。

图1-4

单击教程视频，即可开始学习。如果觉得教程有帮助，可以点赞或收藏。剪映还提供了"边看边剪"和"手机观看"选项，以及教程简介等信息，如图1-5所示。这里不再详细介绍，感兴趣的读者可以亲自体验剪映的使用教程，在学习中体会剪辑的乐趣，并逐步掌握剪辑技能。

图1-5

2.意见反馈

如果在使用剪映的过程中遇到问题，可在此处进行反映，如图1-6所示。

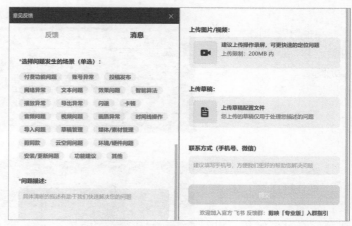

图1-6

3.全局设置

在"全局设置"中可以调整软件的各项参数，参数类别有"草稿""剪辑"和"性能"，如图

1-7所示。在进入剪辑的主界面后，我们还可以根据需要再次调整全局设置。

图1-7

1.1.2 创作区

创作区位于菜单栏的下方，草稿区的上方，如图1-8所示。

图1-8

单击"开始创作"，即可开始创作、编辑视频，如图1-9所示。

图1-9

"文字成片""智能转比例""创作脚本""一起拍"这4个功能，可以为我们的视频创作提供便利，如图1-10所示。

图1-10

1.1.3 草稿区

草稿区包含了已创作的所有草稿。如果是首次使用剪映，那么草稿区没有文件，如图1-11所示。

图1-11

单击草稿文件，可以打开并编辑该草稿文件。单击草稿右下方的██按钮，可以对整个草稿文件进行操作，如图1-12所示。

可以在"全局设置"中查看和修改草稿的保存位置。单击"草稿位置"右侧的文件夹图标██，即可修改草稿保存位置，如图1-13所示。

图1-12

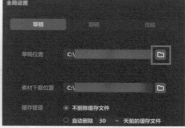

图1-13

1.1.4 账户信息区

账户信息区位于剪映开始界面的左侧，包括账户登录区域，以及"模板""我的云空间""热门活动"等选项卡，如图1-14所示。

图1-14

1.账户登录

在账户信息区，可以单击"点击登录账户"进行登录，如图1-15所示。

图1-15

接下来，有两种登录方式可供选择，一种是打开抖音App，扫码登录自己的抖音账号，如图1-16所示；另一种是通过填写手机号，获取验证码的方式来登录，如图1-17所示。

图1-16

图1-17

2.视频模板

如果需要视频模板，单击账户登录区域下方的"模板"，即可访问"模板"区，如图1-18和图1-19所示。

图1-18

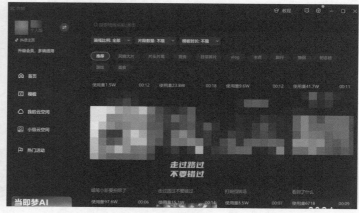

图1-19

使用模板可以大大加快视频编辑的速度，对于不太熟悉视频编辑操作的用户来说十分方便。

模板根据风格、主题或用途进行分类，如"旅行""美食""片头片尾"等。可以浏览这些分类，根据需求筛选特定类型或风格的模板。此外，还可以使用搜索功能，通过输入关键词来查找所需的模板。

大多数模板提供预览图或预览视频，通过观看预览效果，用户可以快速了解模板的样式和应用效果。找到合适的模板后，单击它可以查看详细信息或预览效果。

确定模板后，单击"解锁草稿"或"使用模板"即可获取模板。"解锁草稿"将完整展现模板所用的文件，用户可以根据自己的视频素材和创意，自由编辑各项内容，包括替换模板中的图片、视频片段，修改文字内容，调整颜色和动画效果等。单击"使用模板"后，用户可以根据需要进行进一步调整。

3.我的云空间

云空间能够方便用户在多台计算机上进行创作。登录账户后，单击"上传"按钮，可以将素材上传并保存到云空间，如图1-20所示。这样一来，用户下次就能直接在云端找到并下载所需的素材。

图1-20

4.热门活动

"热门活动"包含了剪映官方举办的各种活动。单击任何一个活动，都会在浏览器中打开对应的活动介绍页面，如图1-21所示。

图1-21

以"未来影像计划"为例。通过浏览相关信息可以了解到，"未来影像计划"是由即梦、剪映及某高校动画与数字艺术学院主办的AI短片挑战赛活动，用户需使用即梦、剪映进行创作，同时可辅以其他创作工具，如图1-22所示。

图1-22

1.2 主界面

进入剪映主界面后，可以看到主界面分为5个部分，依次是菜单栏①、媒体素材区②、播放器区③、属性区④、时间轴区⑤，如图1-23所示。

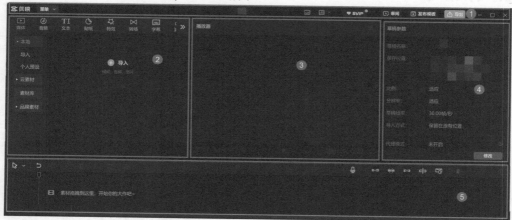

图1-23

1.2.1 菜单栏

菜单栏主要提供了文件导入与导出、布局模式设置、快捷键设置等功能，如图1-24所示。

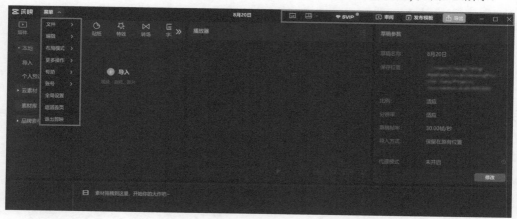

图1-24

1.2.2 媒体素材区

媒体素材区位于剪映主界面的左上方，是用户管理和使用媒体素材的核心区域。在这里可以导入和使用各种媒体素材，以丰富视频内容，如图1-25所示。

媒体素材区包括"媒体""音频""文本""贴纸""特效""转场""滤镜""调节""模板"等选项卡。每个选项卡包含不同的功能，能够帮助用户更高效地管理和使用媒体素材。无论是进行基本的视频编辑，还是创作复杂的视频项目，用户都可以通过这些选项卡轻松找到所需的素材，并将其整合到自己的视频中。

图1-25

1.媒体

在这里可以导入和管理视频、图片、音频等基础素材。

本地

此处存储了用户导入的所有本地素材，包括视频、图片和音频文件。用户可以浏览、搜索并选择这些素材以添加到项目中，如图1-26所示。若无素材，可单击"导入"，选择要导入的视频、音频或图片，确认后即可导入，如图1-27所示。

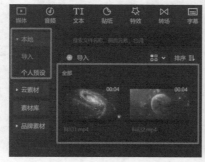

图1-26

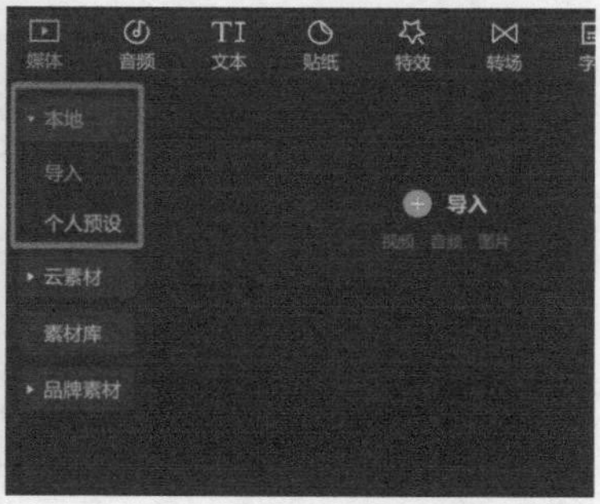

图1-27

云素材

这里存储着用户上传到云空间的剪辑素材，用户可以在此分享和使用小组云空间中的素材资源，如图1-28所示。

素材库

这是剪映提供的在线素材库，可以在这里访问和下载所需的网络素材，如图1-29所示。

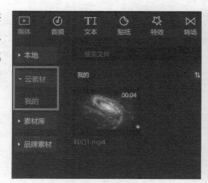

图1-28

图1-29

2.音频

这里提供了背景音乐、音效及音频调节工具。

音乐素材

这里提供了多种可用于视频背景音乐的音乐素材，用户可以根据视频内容选择不同风格和情绪的音乐，如图1-30所示。

当然，也可以通过搜索歌曲名称或歌手来查找所需的音乐素材，如图1-31所示。在找到所需的音乐素材之后，单击音乐素材或其右下角的"下载"按钮，即可下载音乐素材并播放，如图1-32所示。在下载完音乐素材后，单击音乐素材右下角的"+"按钮，即可将音乐素材添加到轨道中，如图1-33所示。

图1-30

图1-31

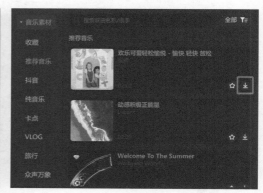

图1-32

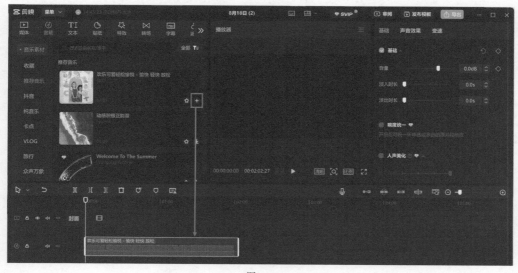

图1-33

音效素材

这里提供了各种音效，如掌声、笑声、环境声音等，这些音效可用于烘托视频的氛围或强调特定的动作。可以根据视频的情感基调和风格特点，选择最合适的音效，如图1-34所示。

可以直接在搜索栏输入所需音效的名称，来快速筛选出匹配的音效素材，如图1-35所示。当找到了所需的音效素材，仅需单击音效素材或其右下角的"下载"按钮，即可试听并下载，如图1-36所示。完成下载后，单击音效素材右下角的"+"按钮，即可将音效素材添加到轨道中，如图1-37所示。

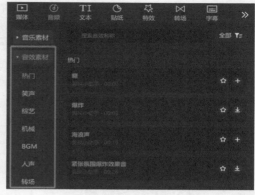

图1-34

图1-35

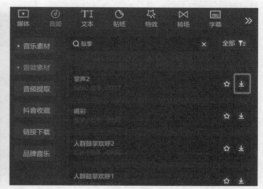

图1-36

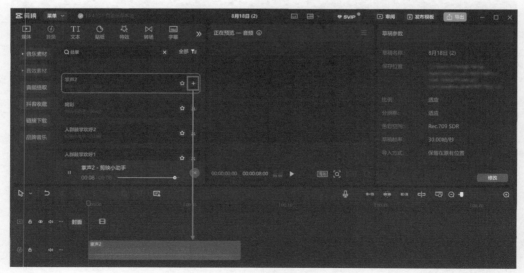

图1-37

音频提取

用户可以在此处导入视频，提取视频中的音频为素材，如图1-38所示。

单击"导入"，浏览并选择要提取音频的视频文件。完成选择后，双击视频文件或单击下方的"打开"按钮 打开(O) ，即可提取所选视频中的音频，如图1-39所示。单击所提取音频素材右下角的"+"按钮 ，可将音频添加到轨道中，如图1-40所示。

图1-38

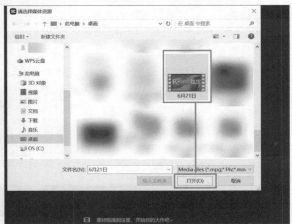

图1-39

图1-40

抖音收藏

此处会显示用户在抖音收藏的音频，以方便用户使用，如图1-41所示。单击音频或其右下角的"下载"按钮 ，即可下载音频并播放，如图1-42所示。在完成下载后，即可将音频添加到轨道中，如图1-43所示。

图1-41

图1-42

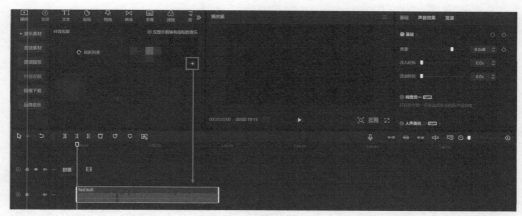

图1-43

链接下载

在此处粘贴抖音分享的视频或音乐链接,可以下载并使用相关音频,如图1-44所示。

3.文本

剪映的文本工具为用户提供了丰富的自定义选项,使视频中添加和编辑文本的工作变得简单且直观。无论是简单的字幕添加,还是复杂的文本动画制作,剪映都能很好地满足。

图1-44

新建文本

剪映在这里提供了两种新建文本的方式,如图1-45所示。

可以单击默认文本右下角的"+"按钮 来新建文本,此时新建文本的格式均为系统默认格式,如图1-46所示。

图1-45

图1-46

当预设了文本样式时，也可以单击预设文本右下角的"+"按钮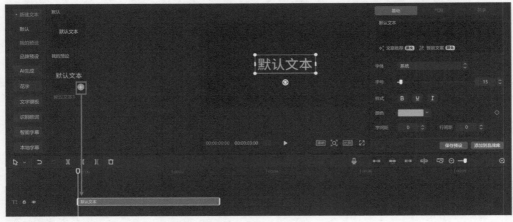来为视频添加文本，如图1-47所示。

图1-47

花字

"花字"是一种特殊的文本效果，通常起强调作用或用于装饰性文字，如标题、标语等。用户可以根据花字的颜色和样式进行选择，如图1-48所示。

可以直接在搜索栏中搜索想要的颜色或样式，如图1-49所示。

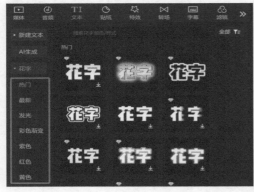

图1-48

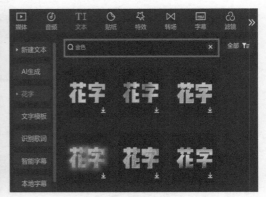

图1-49

在选择心仪的样式后，只需单击该样式或其右下角的"下载"按钮，即可下载所选花字，并在播放器区域实时预览，如图1-50和图1-51所示。在确定要添加到视频的花字后，即可将其添加到轨道中，如图1-52所示。

图1-50

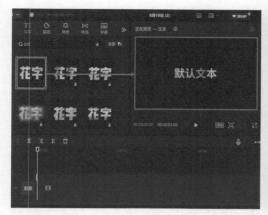

图1-51

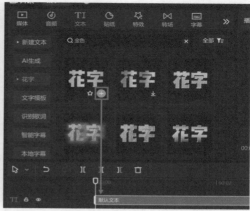

图1-52

文字模板

剪映提供多种预设的文本样式模板,这些模板涵盖不同的字体、颜色组合和布局,如图1-53所示。可以直接选用与视频风格相匹配的文字模板并修改文本内容,也可以以文字模板为基础,然后根据个人创意进一步设计。

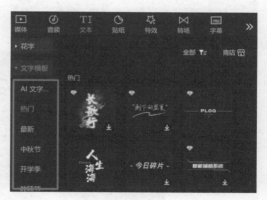

图1-53

用户可以浏览各种文字模板,并在播放器区即时查看模板效果,然后下载合适的模板,如图1-54和图1-55所示。

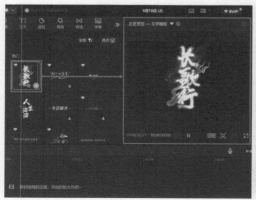

图1-54

图1-55

智能字幕

"智能字幕"是一种帮助用户快速为视频添加字幕的自动化工具，如图1-56所示。

剪映的"识别字幕"功能能够自动识别视频中的语音并将其转换为文字，如图1-57所示。可以编辑这些自动生成的字幕，以确保其准确无误。单击"开始识别"按钮 开始识别 ，系统将自动识别并生成与视频同步的字幕，如图1-58所示。如果需要清空已有字幕，则在单击"开始识别"前勾选"同时清空已有字幕"即可，如图1-59所示。

图1-56

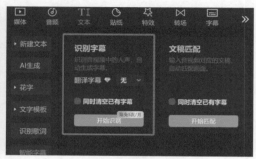

图1-57

图1-58

图1-59

剪映还可以进行文稿匹配。用户输入文稿，剪映会自动匹配画面，如图1-60所示。单击"开始匹配"按钮 开始匹配 ，在弹出的对话框中输入文稿，如图1-61所示。完成文稿内容的输入后，单击下方的"开始匹配"按钮 开始匹配 ，系统将自动匹配文稿与视频，如图1-62所示。

图1-60

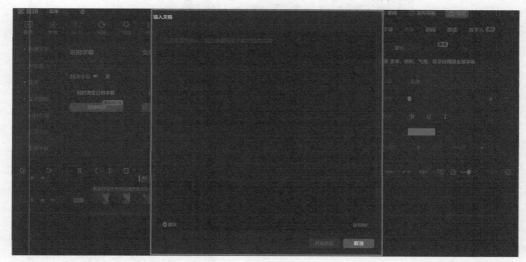

图1-61

图1-62

在插入字幕后，可以在播放器区对插入字幕的效果进行预览，如图1-63所示。

图1-63

识别歌词

剪映的"识别歌词"功能是一种自动化工具，能够帮助用户将视频中音乐的歌词自动转换为文本，并与视频画面同步，如图1-64所示。这对于制作音乐视频或需要显示歌词的视频都十分有用。

图1-64

用户需要将包含歌词的视频导入，并启动"识别歌词"功能，如图1-65所示。剪映将开始分析音频轨道中的歌词，并尝试将识别出的歌词与音乐的节奏同步，自动将歌词放置在适当的时间点，如图1-66所示。

图1-65

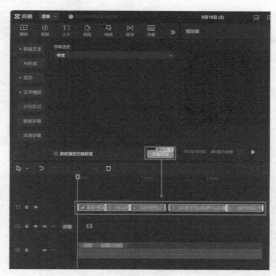

图1-66

　　用户可以编辑识别出的歌词，以确保其准确性和同步性。同时，还可以在属性区调整歌词文本的内容和样式。例如，可以为歌词选择不同的文本样式和动画效果，并设置其在画面中的位置，以确保它们在视觉上与视频内容协调，如图1-67所示。

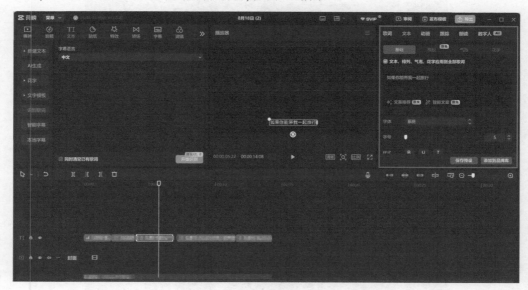

图1-67

技巧提示 歌词识别的准确性可能会受到多种因素的影响，包括音频质量、歌曲的清晰度及剪映软件本身的识别能力。因此，即便使用智能识别功能，仍可能需要进行一定的手动调整，以确保最佳效果。

本地字幕

剪映支持在此处导入SRT、LRC、ASS格式的字幕，如图1-68所示。

单击"导入"，浏览计算机中已有的字幕文件并选择，如图1-69所示。在成功导入字幕文件之后，可以单击已导入的字幕文件，并通过播放器区域进行实时预览，如图1-70所示。对该字幕文件进行预览与确认后，可以将字幕添加到轨道，如图1-71所示。

图1-68

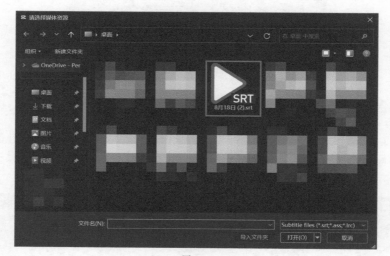

图1-69

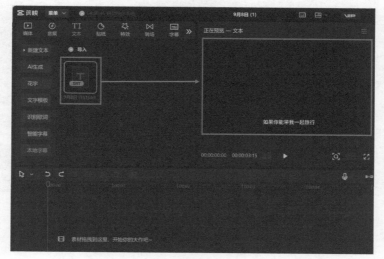

图1-70

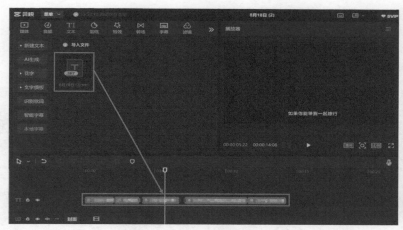

图1-71

4.贴纸

　　这里包含各类动态和静态贴纸,适用于增强视频表现力。

　　"贴纸素材"提供了各种有趣的贴纸,添加到视频中可以增加趣味性或强调某些内容,如图1-72所示。

　　选择和添加贴纸素材的过程与媒体素材的添加过程类似,此处不再赘述。笔者鼓励读者朋友们通过亲身实践来熟练掌握这一过程。

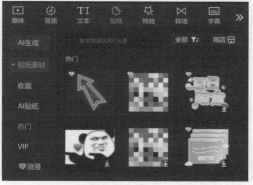

图1-72

5.特效

　　剪映提供了一系列画面和人物特效,以增强视频的视觉效果和吸引力。可以根据创意和视频内容选择和调整这些特效,以达到最佳效果。恰当地使用特效能显著提升视频的专业感和观赏性。

画面特效

　　剪映可以为画面添加光效、动态背景等画面特效,以创造丰富的视觉效果,使画面更加生动,如图1-73所示。

图1-73

画面特效的选取和应用方式，与前文中介绍的媒体素材的添加方式相似，如图1-74所示。在此，笔者选择不赘述，而是留给读者在实际操作中自行体会和掌握。

人物特效

剪映提供了为人物添加动画效果、特色贴纸和美颜等功能，可以使人物更加生动，增加趣味性，如图1-75所示。

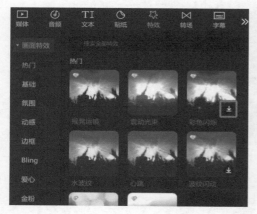

图1-74

图1-75

选择和添加人物特效的过程与画面特效的添加过程相同。

6.转场

转场可以增强视频的连贯性。这里提供了多种视频片段之间的过渡效果，如叠化、幻灯片、运镜等，可以根据需求选择并应用这些效果，如图1-76所示。转场效果的选取和添加操作，与选取和添加媒体素材的操作相同。

7.滤镜

这里提供了多种滤镜效果，可以应用这些滤镜来改变视频的视觉风格和色彩，如图1-77所示。

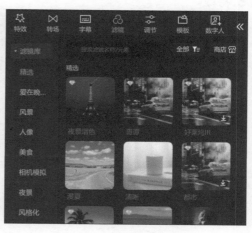

图1-76 图1-77

8.调节

在这里可以对亮度、对比度、饱和度等参数进行细致调整。

调节

添加"自定义调节"后，即可调整画面色彩参数，如图1-78所示。如果已有调色预设，可在"我的预设"中找到。

LUT

剪映支持导入CUBE和3DL这两种格式的调色预设，如图1-79所示。

图1-78

图1-79

9.模板与素材包

这里包含预设的模板样式，能帮助用户快速生成特定风格的视频。

模板

这里提供了多种不同风格的视频模板，如图1-80所示。可以根据个人喜好和视频内容选择合适的模板，并对所选模板进行调整。这样可以确保其与我们的创作风格和视频内容相匹配，从而快速制作出理想的视频。

图1-80

可以通过搜索模板名称或类型，来筛选视频模板，如图1-81所示。在找到合适的视频模板后，可以进行下载，并在播放器区进行预览，如图1-82和图1-83所示。确定模板后，即可将模板添加到轨道中，如图1-84所示。根据视频制作的需要，用户可以自行替换模板中的素材。

图1-81

图1-82

图1-83

图1-84

素材包

"素材包"中包含了丰富的片头、片中和片尾素材，如图1-85所示。可以选择一个符合视频主题的模板，并对其进行个性化调整，然后将其融入到作品中。

图1-85

1.2.3 播放器区

剪映的播放器区主要用于预览用户编辑的视频效果,包括添加的特效、转场、文本和滤镜等,如图1-86所示。

播放器区支持全屏播放功能,以提供更佳的观看体验。用户可以根据需要调整视频尺寸比例,并实时预览效果。此外,可以开启调色示波器以显示调色效果;对于预览质量,可以选择性能优先或画质优先模式;还可以在此导出静帧画面。关于播放器区的具体操作,将在后续章节中详细描述。

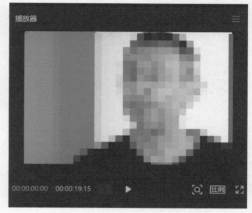

图1-86

1.2.4 属性区

属性区是视频剪辑中进行精细调整的关键区域。它提供了丰富的选项和工具,允许对选定的视频、音频、文本、图片或其他素材进行个性化调整和详细设置。

1.视频

当选定视频素材时,属性区的选项卡有"画面""音频""变速""动画""调节""AI效果",如图1-87所示。

2.音频

当选定音频素材时,可以在属性区对音频进行音量、音色、播放速度等多方面的调整,以确保音频的播放效果符合需求,如图1-88所示。

图1-87

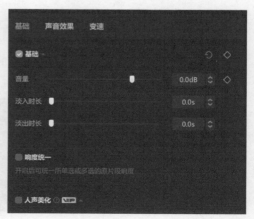

图1-88

3.文本

通过选定文本，用户可以设置其内容、字体、字号、样式、颜色、间距和对齐方式等细节，以确保文本既美观又与视频的整体风格和所传达的信息相统一，如图1-89所示。此外，还可以设置文本动画，以提升视频的表现力。

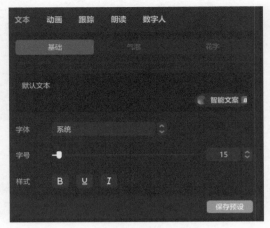

图1-89

4.图片

如果希望调整插入视频的图片，可以在属性区优化图片的展示效果，使其在视频中的呈现更加符合创意需求、更有美感，如图1-90所示。

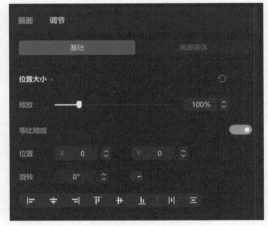

图1-90

1.2.5 时间轴区

剪映的时间轴区提供了一个直观且灵活的界面，用于组织和调整视频片段、音频、文本及其他素材的顺序和持续时间，如图1-91所示。

图1-91

时间轴区是剪映的核心功能区域。通过熟练操作和灵活运用时间轴区，用户可以创作出高质量且富有创意的视频作品。

1.2.6 导出面板

在完成视频的所有编辑工作后，单击右上角的"导出"按钮 ，可以对视频的导出参数进行设置并导出视频，如图1-92所示。

图1-92

"导出"面板主要用于设置导出文件的格式和参数，包括视频、音频、字幕，如图1-93所示。可以设置导出项目的标题，选择导出的位置，如图1-94所示。

图1-93

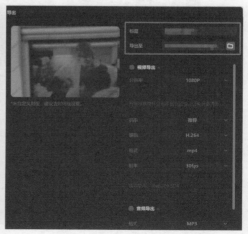

图1-94

剪映的专业版（计算机版）和手机版在功能和使用场景上有一些区别。

1.界面和布局

专业版：提供了更大的创作空间和更人性化的面板布局设计，适合专业剪辑场景。

手机版：界面设计适合移动设备，更便于在手机上进行快速剪辑，如图1-95所示。

2.功能丰富性

专业版：具备更高级的功能，如多轨剪辑、曲线变速、蒙版等，覆盖大部分剪辑场景。

手机版：虽然基础功能完备，但在某些高级功能上不如专业版全面，如图1-96所示。

3.素材库和资源

专业版：拥有强大的素材库，包括音频、花字、特效、滤镜等，且实时更新。

手机版：同样提供丰富的素材和模板，但在素材的种类和更新频率上和专业版有所不同。

4.输出质量

专业版：支持更高质量的输出，用户可以根据需要设置分辨率、帧率、码率等参数，最高支持4K分辨率和60FPS视频帧率。

手机版：输出质量受限于移动设备的处理能力和屏幕显示效果，如图1-97所示。

图1-95

图1-96

图1-97

5.系统兼容性和硬件要求

专业版：适用于macOS和Windows系统，对硬件有一定要求。

手机版：支持在iOS和Android系统上运行，对硬件要求较低。

6.用户群体

专业版：更适合自媒体从业者、视频编辑爱好者和专业人士使用。

手机版：更适合快速编辑场景和移动设备用户，便于随时随地进行视频编辑。

7.教程和学习资源

专业版和手机版都提供了丰富的教程和学习资源，帮助用户快速上手和提高剪辑技能。

第 **2** 章

剪映基础
剪辑功能

2

本章将介绍时间轴区和播放器区，它们
共同带来了剪映强大的视频编辑能力，能够
高效地完成各种视频剪辑任务。

2.1 时间轴区

时间轴区如图2-1所示。

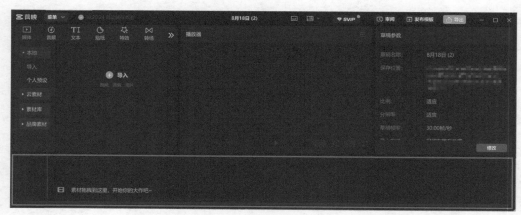

图2-1

2.1.1 基础工具

时间轴区包含4个基础工具，如图2-2所示。

"选择" ↖ 的快捷键为A。需要注意的是，切换到其他工具后，如果想要再次选中素材，需要重新选择该工具或按快捷键A。

"分割" ⊟ 的快捷键为B。选择该工具后，直接单击素材即可进行分割操作。

"向左全选" ⧏ 的快捷键为"["。以鼠标指针位置为轴，可以同时选中鼠标指针位置左侧的全部素材。

"向右全选" ⧐ 的快捷键为 "]"。操作方法和原理与"向左全选" ⧐ 类似。

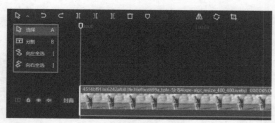

图2-2

2.1.2 撤销/恢复

对素材进行操作后，"撤销"按钮 ↺ 和"恢复"按钮 ↻ 将会变亮，表示这些功能可以使用了，如图2-3所示。"撤销" ↺ 用于撤销上一步操作，快捷键为Ctrl+Z。"恢复" ↻ 用于恢复刚才被撤销的操作，快捷键为Ctrl+Shift+Z。

图2-3

2.1.3 分割工具

"分割工具" ⫴ 可以将视频片段分割成多个独立的小片段，快捷键为Ctrl+B，如图2-4所示。在基础工具中也包含"分割" ⊡ ，两者是有区别的。"分割工具" ⫴ 只能对选中的素材进行分割，如果没有选中素材，按快捷键Ctrl+B后，默认分割的是主轨视频。基础工具中的"分割" ⊡ 不需要选中素材，即可对主轨以外的轨道进行分割，如图2-5所示。如果需要批量分割，将需要分割的素材选中，将时间线移动到需要分割的位置，使用"分割工具" ⫴ 或按快捷键Ctrl+B即可，如图2-6所示。

图2-4

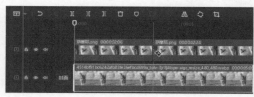

图2-5

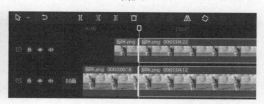

图2-6

将素材分割后，可以重新排列并调整叙事顺序或逻辑，从而提高视频的连贯性和观赏性。此外，可以对每个片段进行细致调整，插入新素材，如特效、音频或其他视频片段，丰富视频内容；还可以通过分割删除不需要的部分，去除冗余片段，提高视频的整体质量。操作示例如下。

01 在适当位置对素材进行分割，分割结果如图2-7所示。

02 在分割开的素材中间拖曳进想要插入的素材，如图2-8所示。

图2-7

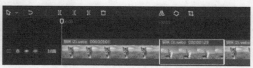

图2-8

03 确认插入的素材符合预期后，可以在其他轨道添加素材，例如在音轨上添加一段音乐素材，如图2-9所示。

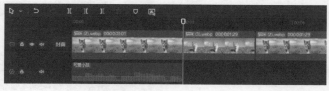

图2-9

04 将音乐素材移动到合适的位置，并对多余的部分进行分割，使得视频效果满足需求，如图2-10所示。

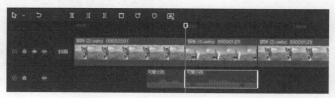

图2-10

2.1.4 删除

选中需要删除的素材片段后，单击"删除"按钮█或按Delete键即可删除。如果要删除某个视频素材的部分内容，则需要先分割视频，再删除对应部分。

2.1.5 添加标记

"添加标记"█主要用于在视频剪辑过程中记录和标注关键节点，有助于清晰地管理和分类素材片段，快捷键为M。标记可以添加在素材上，也可以添加在轨道上方，如图2-11和图2-12所示。选择轨道上的素材，拖动时间线到需要添加标记的位置，单击"添加标记"按钮█，即可在素材上添加一个标记。如果没有选择任何素材，添加的标记会出现在轨道上方。此外，按快捷键Alt+M可以添加其他颜色的标记，右键单击可以更改标记颜色。

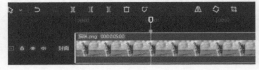

图2-11

图2-12

2.1.6 定格

将时间线移动到素材需要定格的位置，选择素材，单击"定格"按钮█，如图2-13所示。该轨道上会出现一段定格画面，如图2-14所示。可以通过拖曳左右边框来调整定格画面的时长，并添加特效或滤镜。

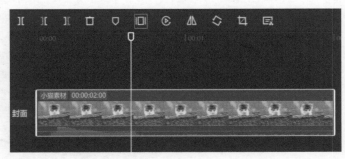

图2-13

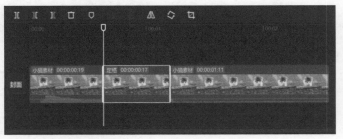

图2-14

2.1.7 镜像

"镜像" ⚠ 可以对选中的素材进行镜像播放,如图2-15所示。只需选择轨道上的素材,单击"镜像"按钮⚠,即可实现镜像效果,如图2-16所示。

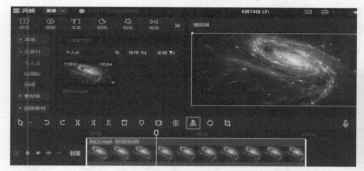

图2-15

图2-16

2.1.8 旋转/调整大小

每次单击"旋转"按钮◇,如图2-17所示,播放器中的素材画面将以90°为单位顺时针旋转,如图2-18所示。"调整大小" 🔲 便于用户裁剪画面和重新构图,如图2-19和图2-20所示。

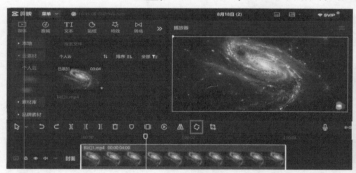

图2-17

图2-18

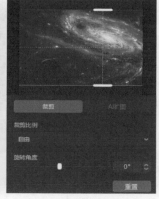

图2-19

图2-20

2.1.9 录音

"录音" 🎤 允许用户在剪辑视频时直接录制声音,用于配音或旁白。将时间线拖曳到需要录音的位置,单击"录音"按钮🎤后会弹出"录音"对话框。单击红色按钮,在3秒准备倒计时结束后,即可开始录音。录音完成后,录音素材会自动添加到时间轨道上,可以进一步编辑和处理,如图2-21所示。

图2-21

2.1.10 主轨磁吸

单击"打开主轨磁吸"按钮 ▣ (快捷键为P) 后,主视频轨道上的素材会自动首尾相吸附,从而实现快速无缝对接。此功能显著提高了编辑效率,简化了对接素材的操作。关闭此功能后,素材将不会自动吸附,如图2-22所示。需要注意的是,主轨磁吸仅在主视频轨道上有效,在其他轨道上移动素材时不会产生自动吸附效果。

图2-22

关闭主轨磁吸后,将其他轨道的素材移动到主视频轨道素材的后方,两段素材不会自动吸附,而是可能留有一段空隙,如图2-23所示。

图2-23

技巧提示 时间轴区除了主视频轨道外，还包括音效轨道、特效轨道和文本轨道等。不同轨道前的图标各不相同，可以通过这些图标判断轨道类型，如图2-24所示。

图2-24

2.1.11 自动吸附

单击"打开自动吸附"按钮 （快捷键为N），如图2-25所示，此时可实现各轨道素材的无缝拼接。当需要将a素材与b素材进行拼接时，只需将a素材拖到接近b素材的位置，释放鼠标，a素材会自动吸附到b素材，实现无缝拼接。

图2-25

2.1.12 联动

单击"打开联动"按钮 （快捷键为"～"），此时可联动多个轨道上的素材，打开后如图

2-26所示。该功能可联动主视频轨道上的素材和其对应的其他轨道上的音效、文本、贴纸、滤镜、调节和特效素材，当移动或删除主视频轨道上的素材时，其他联动的素材会自动进行相同的调整。这在需要保持多个素材同步的情况下尤为实用。

图2-26

2.1.13 预览轴

单击"打开预览轴"按钮 ⊞ （快捷键为S），此时用户可以在不播放素材或拖动时间线的情况下，通过拖动预览轴来预览素材画面，图2-27中黄色的线就是预览轴。

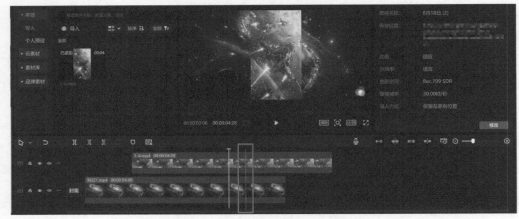

图2-27

2.1.14 全局预览轴缩放

"全局预览轴缩放" ⊟ （快捷键为Shift+Z）主要用于调整时间轴的缩放比例，用户可以通过缩放时间轴来更方便地查看时间轴上的所有素材或简短的素材片段，如图2-28所示。

图2-28

图2-28（续）

2.1.15 缩放工具

时间轴缩放工具如图2-29所示，主要用于放大或者缩小时间轴，快捷键为Ctrl+＋和Ctrl+－。

图2-29

技巧提示 时间轴操作涉及众多快捷键。执行菜单栏中的"帮助>快捷键"命令，即可打开快捷键列表，便于使用和记忆，如图2-30和图2-31所示。

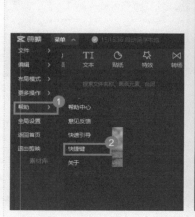

图2-30

图2-31

2.2 播放器区

播放器用于预览素材库和时间轴中的素材，如图2-32所示。在时间轴上单击视频或图片素材，以及直接单击播放器上的画面时，播放器下方会出现一个圆圈，拖动它即可自由旋转素材的角度，这比时间轴上的旋转工具灵活许多。

图2-32

2.2.1 调色示波器

调色示波器十分重要，它可以显示视频中R、G、B3个通道的亮度分布，从而帮助用户更好地控制和调整颜色平衡及饱和度等参数。在播放器区中，单击右上角的 ▤ 按钮，选择"调色示波器"，如图2-33所示。开启后，播放器区会显示另外3个小窗口，展示了高亮区（波形顶端）、阴影区（波形底端）和中间调区（波形中间部分）的平衡情况，如图2-34所示。如果某个通道的波形过于突出或消失，则可能需要调整色彩设置。

图2-33

图2-34

2.2.2 预览质量

"预览质量"功能主要用于在视频剪辑过程中平衡性能和预览画面的画质。具体来说，用户可以根据需要选择不同的预览质量设置，以适应不同的使用场景。

性能优先：在此模式下，系统优先保证视频播放的流畅性，但可能会在一定程度上牺牲视频清晰度。这对于长时间或大文件量的视频编辑尤其有用，可以避免因数据量大而导致的卡顿现象。

画质优先：在此模式下，系统将尽量保证视频的清晰度，即使这可能会导致播放过程中的轻微卡顿，适用于对视频清晰度有较高要求的用户。

用户可以根据自身需求和设备性能，选择最适合当前工作环境的预览方式，从而提高剪辑效率和优化观看体验，如图2-35所示。

图2-35

2.2.3 导出静帧画面

该功能允许用户将视频中的任意帧保存为独立的图像文件。用户可以在视频播放过程中选择特定帧，并通过单击"导出静帧画面"来将该帧导出为图片（如JPEG或PNG格式），如图2-36所示。

技巧提示 导出静帧画面的功能可用于捕捉关键瞬间，提取视频中的精彩或重要片段，将其作为图像保存和分享。这一功能能够为视频制作吸引人的封面图或缩略图，从而提高视频的点击率和观看量。此外，还可以用来仔细检查视频中某一帧的画面质量，以确保视频的每一部分都达到预期标准。

图2-36

功能拓展：手机版剪映的剪辑功能

手机版剪映的播放器区和时间轴区提供的功能与专业版大致相同，但其性能有所降低。然而，相较于专业版，手机版的操作更加简单易懂。

1.播放器页面

打开剪映，单击"开始创作"按钮[+]，如图2-37所示。现在可以选择素材，剪映的素材库可供用户自由选择与使用，如图2-38所示。

图2-37

图2-38

选择素材后，页面中会出现播放器，如图2-39所示。右上角的"480P"代表分辨率，如图2-40所示。单击后，可以查看播放器的参数选项，如图2-41所示。

图2-39

图2-40

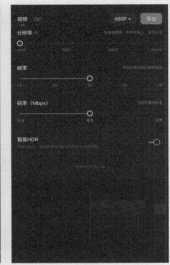
图2-41

分辨率：用于调整视频的清晰度。可选择不同分辨率（如480P、720P、1080P等）以满足各种需求。这有助于用户预览视频在不同分辨率下的效果，确保最终输出的视频在目标分辨率下拥有较高质量。

帧率：帧率越高，视频越流畅。帧率调整功能可以提供不同帧率的预览效果，方便用户检查视频在不同帧率下的表现，并选择适合的帧率以获得所需的流畅度。

码率：码率越高，视频质量越好，但文件体积也越大。剪映提供不同码率下的视频质量和文件大小的预览，可以帮助用户在质量和文件大小之间找到最佳平衡，确保输出符合需求。

智能HDR：可以增强视频的动态范围，使亮部和暗部的细节更加丰富。预览启用HDR后的效果，可以确保颜色和亮度符合预期。在高对比度场景下，启用智能HDR可以提升视频的视觉效果，优化整体观感。

图2-42

2.时间轴

播放器下方就是时间轴，如图2-42所示。下面介绍常用的5类功能。

①剪辑

手机版剪映中没有单独的特效轨道，特效是直接应用在素材上的。如果想要更换特效，则需要擅用"分割"工具。手机版减少轨道是为了降低操作难度，方便用户在手机上实现较为复杂的视频效果和音频同步，确保视频内容连贯且精练。

"剪辑"选项中的功能包括"分割""变速""音量""动画""删除""人声美化""视频翻译""人声分离""美颜美体""剪口播""镜头追踪""抠像""智能打光""抖音玩法""音频分离""编辑""AI扩图""局部

重绘""调节""画质提升""智能裁剪""基础属性""蒙版""切画中画""替换""防抖""不透明度""声音效果""音频降噪""节拍""复制""倒放""定格"等。

其中，部分功能在前文中已有介绍，接下来简要讲解几个尚未介绍的重点功能。

变速：该功能允许用户调整视频或音频的播放速度，可以加快或减慢，从而改变视频的时长和呈现效果。该功能被广泛应用于视频编辑中，用于创造不同的节奏和氛围。

视频翻译：将视频中的语音或文本翻译成其他语言，创建多语言版本的视频，以便适应不同国家的观众群体。

剪口播：该功能利用人工智能技术，根据音频内容自动生成与之同步的口型动画。它通过分析音频信号来识别发音，并将这些发音与对应的口型动画匹配，从而生成与音频同步的视频片段。这是最近非常流行的一种趣味视频创作形式。

抠像：将背景（通常是绿屏或蓝屏）移除，替换为其他图像或视频。用于创建特殊背景效果，尤其适用于绿幕拍摄。

抖音玩法：作为和抖音同一公司的剪辑软件，剪映可以与抖音的热门特效和滤镜实现联动，方便用户剪出抖音上热门风格的短视频。这个功能的特色在于，用户提供人物肖像照片即可运用模板生成不同风格的照片与视频，还可以生成人物跳舞的视频。示例效果如图2-43和图2-44所示。

图2-43 图2-44

AI扩图：利用人工智能和深度学习技术，将低分辨率图像细化为高分辨率图像，同时尽量保留或恢复图像的细节。通过分析图像中的像素信息，预测和生成高分辨率图像中缺失的细节。

蒙版：蒙版是许多软件中的重要功能，通常为黑白或灰度图像，其中白色部分显示原始图像，黑色部分隐藏原始图像，灰色部分则根据灰度值而部分显示原始图像。在视频或图像上应用蒙版可以显示或隐藏特定区域，从而创建复杂的视觉效果。例如，蒙版可用于创建画中画效果，或与其他特效结合使用，以增强视频的创意表达。

②音频

"音频"选项中的功能包括"音乐""版权校验""音效""文字转音频""克隆音色""提取音乐""抖音收藏""录音"。

版权校验：该功能可检查添加的音乐是否存在版权问题，确保所使用的音乐合法合规，并提供替代选项或提示，避免侵权风险，如图2-45所示。

音效：音效可以与画面配合，营造特定效果。通过添加掌声、笑声、自然声音等适配音效，可以使视频更加生动，突出主体，并在情节转折时发

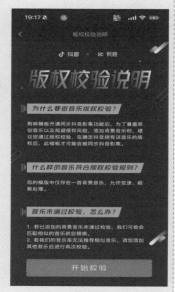

图2-45

挥重要作用。剪映为用户提供了内容丰富的音效库，如图2-46所示。

克隆音色：该功能能够模拟并复制特定的音色或声音特征，生成与目标声音相似的语音素材。通常用于配音和声音替换，以维持一致性或创造特定风格的声音效果。

提取音乐：从视频中提取背景音乐或音频内容，并将其保存为独立文件，可用作其他视频的素材。

抖音收藏：通过与抖音联动，可以直接访问并使用用户在抖音中收藏的音乐和音效，无需额外下载，便于快速添加。

③文本

"文本"选项中的功能包含"智能包装""智能文案""新建文本""添加贴纸""识别字幕""文字转音频""文字模板""识别歌词""涂鸦笔"。

"智能包装"是一个极具创新性的功能，它利用人工智能技术自动调整文本的布局和样式。通过分析用户所选素材和输入文本，该功能可自动选择合适的文本样式，并根据视频的时长和节奏提供多种预设模板供用户选择，快速应用视觉效果最佳的方案，从而减少用户手动编辑的时间，提高视频制作效率。该功能还会自动调整文本的位置、行间距和对齐方式，使文本在视频画面中合理分布。此功能显著提高了视频制作的效率和质量，使用户能够轻松实现专业水准的视频效果。界面如图2-47所示。

图2-46

图2-47

④贴纸

剪映提供了大量免费贴纸，用户还可以导入自定义贴纸，添加各种动态或静态效果。在选定贴纸后，用户可以将其拖动到视频画面的任意位置。贴纸可以缩放、旋转和调整透明度，以适应视频内容。贴纸库如图2-48所示。

⑤画中画

画中画即在主视频上叠加另一个视频或图片。该功能允许调整叠加画面的大小、位置和透明度，从而实现多画面效果。这种技术常用于演示、评论和对比分析等场景。操作界面如图2-49所示。

图2-48

图2-49

实战：卡点短视频制作

素材文件	素材文件＞CH02＞实战：卡点短视频制作
学习目标	掌握剪映的基本操作

本实战将介绍如何利用剪映从零开始制作以"自然之美"为主题的卡点短视频。剪映作为新兴的剪辑工具，不仅易于上手，还特别优化了短视频的制作流程。用户可以轻松导入视频素材，通过拖放的方式快速组织视频片段。剪映集成了丰富的特效、滤镜和转场效果，即使是初学者也能快速制作出十分专业的视频内容。制作吸引人的卡点短视频的秘诀在于精准地将音乐节奏与视频画面同步。通过不断练习和探索多样化的编辑技巧，用户将能够制作出更具吸引力和专业感的短视频作品。效果如图2-50所示。

图2-50

1.剪映主界面回顾

在讲解具体操作细节之前，先来复习一下剪映的主界面布局。从上到下、从左到右，一共有6个分区，如图2-51所示。

图2-51

①媒体素材区：剪映预置了海量素材供用户选择，同时支持导入本地素材。

②播放器区：用于实时预览剪辑中的视频。

③属性区：用于查看详细信息和调整视频、音频等素材。

④时间轴区：剪辑操作的重要区域，用于剪辑视频素材和添加转场效果等。

⑤视频轨道：用于添加视频内容的轨道。

⑥音频轨道：用于添加音频内容的轨道。

图2-52

2.音乐节奏卡点

01 添加音乐。在媒体素材区左上角单击"音频"按钮，在左侧单击"音乐素材"，然后搜索"nature"。选择其中一个曲目并添加到时间轴上，这样就为视频添加了背景音乐，如图2-52所示。

02 在时间轴上方，单击"添加音乐节拍标记"按钮 🗘，然后选择"踩节拍I"，如图2-53所示。剪映会根据背景音乐自动生成节拍点，如图2-54所示。

图2-53

图2-54

03 由于要制作短视频，因此需要将时长控制在15秒左右。找到第15秒的节拍点，使用"分割工具"🖩将音乐素材分割成两部分，同时保留该节拍点前的部分，如图2-55所示。

图2-55

04 从头播放背景音乐，根据音感微调每个节拍点的位置。将节拍点拖动到对应位置即可。调整后的节拍点如图2-56所示。

图2-56

3.视频画面匹配

在添加和处理完背景音乐并标记好节拍点后，可以导入相关的视频素材，并将其添加到时间轴中以匹配节拍点。

01 添加视频素材。在媒体素材区单击"导入"按钮 ，如图2-57所示，选择相关视频，如图2-58所示。导入成功后，效果如图2-59所示。

图2-57

图2-58

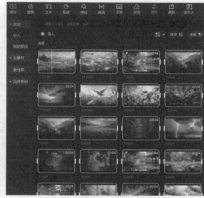

图2-59

02 背景音乐中有7个节拍点，因此需要从素材库中选择7段视频片段，以配合这些节拍点进行剪辑，如图2-60所示。

图2-60

03 视频总时长为15秒，但原始视频素材的总时长远超15秒。因此，需要缩短部分视频素材的时长。不仅要在节拍点处切换视频素材，还要确保总时长不超过15秒。调整后的时间轴如图2-61所示。

图2-61

4.添加转场

在视频编辑过程中，在两个视频片段之间巧妙地插入过渡画面，可以实现流畅的视觉效果，这便是转场的作用。剪映素材库中有大量转场素材，方便我们为视频选择合适的转场效果，如图2-62所示。

图2-62

01 在视频的第1个节拍点处添加第1个转场效果，选择"色彩溶解"转场效果，设置"时长"为0.5s，如图2-63所示。转场效果的持续时间可视情况而定。

02 将下一个转场效果放在第2个节拍点的位置。添加"推进"转场效果，设置"时长"为0.5s，如图2-64所示。

图2-63

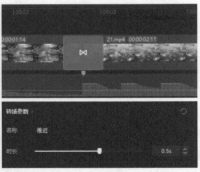

图2-64

03 由于第3个节拍点处是"水中鱼儿"与"地上植物发芽"两个场景的衔接，为了体现从下而上的生长感，因此选择"竖向模糊"转场效果，使两个场景更自然地融合在一起，并设置"时长"为0.8s，如图2-65所示。

04 在第4个节拍点处添加"叠加"转场效果，并设置"时长"为0.5s，如图2-66所示。因为此处整个画面存在明显的虚化效果，所以选择了这种转场方式。

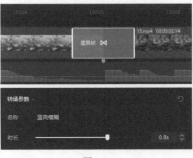

图2-65

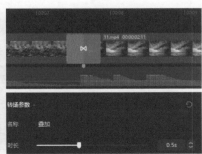

图2-66

05 在第5个节拍点的位置，添加"顺时针旋转II"转场效果，设置"时长"为0.4s，如图2-67所示。这个效果能够使不同画面风格之间的转换更加生动有趣。

06 由于第6个节拍点前后的画面分别为近景的"蜜蜂采花"和远景的"田园风光"，因此使用

"拉远"转场效果
会富有由近及远
的意境。设置"时
长"为0.5s，如图
2-68所示。

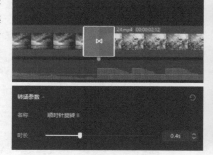

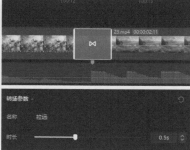

| 图2-67 | 图2-68 |

5.添加标题

在视频主体剪辑完成后，可以为视频添加标题。

01 在媒体素材区单击"文本"按钮，选择"花字"选项中的一个文本效果，将其拖入时间轴，如图2-69和图2-70所示。

| 图2-69 | 图2-70 |

02 在属性区中将文本编辑为"超美丽自然风光"，设置"字体"为"新青年体"，"字号"为15号，如图2-71所示。效果如图2-72所示。

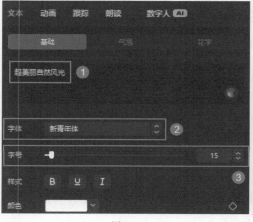

| 图2-71 | 图2-72 |

03 视频已经制作完成，可以进行导出操作。单击右上方的"导出"按钮 📁 导出，选择目标路径，保持默认设置即可，如图2-73所示。

图2-73

实战：旅游宣传短视频制作

素材文件	素材文件＞CH02＞实战：旅游宣传短视频制作
学习目标	应用剪映进行视频剪辑

　　制作旅游宣传短视频是一个创意与技术相结合的过程，使用剪映可以又快又好地完成制作。制作旅游宣传短视频的关键在于展示旅游目的地的独特魅力，同时保持视频的专业水准。剪映提供了丰富的功能和工具，可以帮助实现这些目标。通过不断实践和学习新的编辑技巧，读者的视频制作能力将不断提升。本实战将介绍如何利用剪映从零开始制作旅游宣传短视频。效果如图2-74所示。

图2-74

技巧提示 读者可以参考"实战：卡点短视频制作"的方法进行练习，如有疑问可以观看教学视频。读者这个时候也许会有疑问：去哪里找这么多的视频素材和音频素材？这涉及AI工具的应用。笔者在本实战的教学视频中简单介绍了AI工具的应用，读者如有疑问可查阅后续章节。

第 3 章

剪映AI与
相关工具

3

本章将介绍剪映的AI功能和两个AI工具，即豆包和即梦。前者适用于文本、语言处理，后者适用于图像和视频处理。注意，AI的正确使用方式是"搭配"，所以大家不要用传统软件的使用思路去看待AI，而是要注重多种工具的配合。

3.1 剪映的AI功能

剪映作为一款流行的视频编辑软件，持续优化其AI功能，以提升用户体验和创作效率。下面介绍剪映的AI功能。

3.1.1 文字成片

在剪映的开始界面中，可以看到"文字成片"功能，如图3-1所示。下面介绍操作方法。

01 单击"文字成片"选项，进入图3-2所示的界面。在此处可以自由编辑文案，或者使用"智能写文案"功能。文案内容将用于视频生成。使用"智能写文案"功能，用户在对应的主题分类中对视频文案进行描述即可获得完整文案。当然，也可以自由输入视频文案描述，如图3-3所示。

图3-1

图3-2

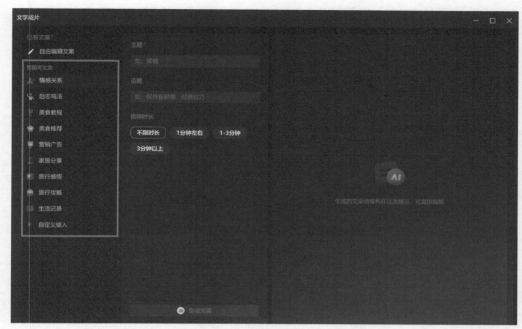

图3-3

02 以"励志鸡汤"为例，选择该项后，对应输入主题、话题和时长，如图3-4所示。接下来单击"生成文案"进行生成，如图3-5所示。生成的文案如图3-6所示。

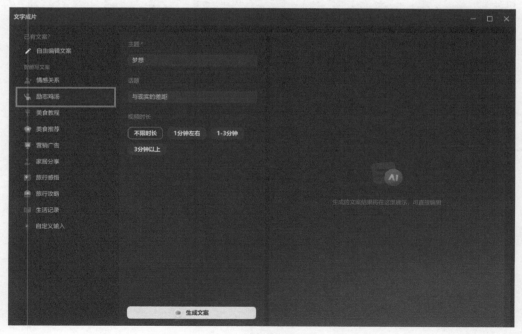

图3-4

图3-5

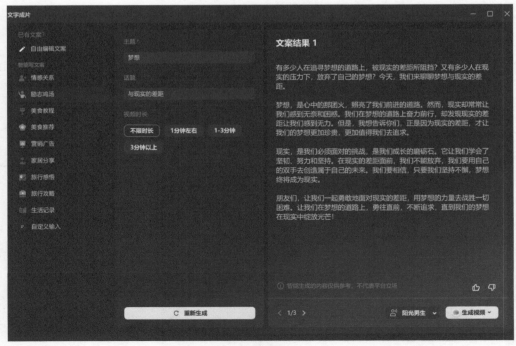

图3-6

03 在确定文案内容后,可以设置朗读文案的音色,如图3-7所示。

04 单击"生成视频"按钮,选择成片方式后,即可生成视频,如图3-8所示。

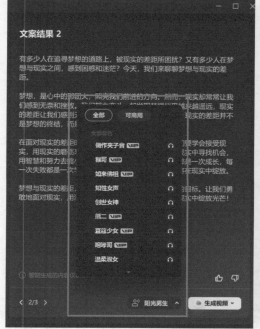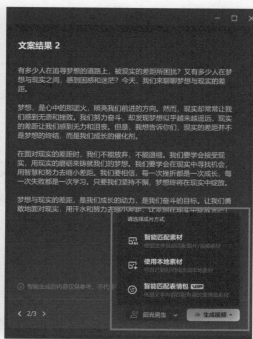

图3-7 图3-8

05 对于所生成的视频,可以对其视频素材、文案、音频、转场等内容进行细节调整,如图3-9所示。

图3-9

3.1.2 智能字幕

如前所述，"智能字幕"是剪映的一个重要AI功能。通过AI识别字幕，用户"一键"操作即可添加字幕，如图3-10所示。

图3-10

3.1.3 数字人

可以在媒体素材区添加数字人，如图3-11所示。

图3-11

01 挑选合适的数字人形象，单击"确认"按钮，系统会开始渲染，如图3-12所示。完成渲染后，会生成与文本素材对应的数字人视频素材，如图3-13所示。

图3-12

图3-13

02 选中该数字人视频素材,可以在属性区对其进行细节调整,如图3-14所示。

图3-14

3.1.4 媒体素材的AI效果

对于轨道中的媒体素材(视频、图片素材),可以利用属性区中的"AI效果"来增添其视觉表现力和吸引力。"AI效果"中有"AI特效"和"玩法"两个功能,如图3-15所示。注意,"AI特效"为会员功能,这里着重介绍"玩法"。

图3-15

　　勾选"玩法",即可启用"玩法"功能,如图3-16所示。用户可以根据素材画面和风格,挑选能够更好地呈现视频效果的"玩法"。

图3-16

3.2 豆包

　　豆包可以完成与用户聊天、协助用户写作等任务,支持跨平台使用。在短视频创作中,豆包的辅助作用主要体现在文本创作和图片生成两方面。文本创作方面,豆包能够根据用户需求创作文案,提升内容的吸引力;图片生成方面,豆包可以通过用户输入的文本描述,生成具有特定风格或情感色彩的图片。此外,豆包在信息提炼整合方面的能力优秀,能帮助用户收集素材或激发用户灵感。

3.2.1 网页版布局

进入豆包网页版主界面，登入抖音账号或者通过手机号注册账号即可使用，如图3-17所示。

图3-17

1.功能模块

尽管豆包有多种应用场景，但其核心功能集中在文字处理方面。登录后，可以直观地看到其4个主要的功能模块："AI搜索""图像生成""帮我写作""阅读总结"。单击所需功能后，指令框处会弹出相应窗口，从而使用所选功能。

2.示例推荐

豆包会推荐一些使用示例供用户参考，如图3-17中的②处。

3.指令框

豆包作为多功能AI工具，指令框是其至关重要的部分。用户通过对话的形式输入提示词，豆包便能生成所需结果。

技巧提示 豆包的多数功能是通过指令框来操作的。以具体功能为例，单击指令框上方的"帮我写作"按钮，在弹出的窗口中，选择要写作的文本类型，此时指令框中会出现提示词模板，如图3-18所示。将想法填入豆包提供的模板中，即可让豆包帮助生成文本。

图3-18

至于其他功能，如"图像生成""AI搜索""阅读总结"等，均需要借助指令框来操作。因此，在使用豆包时，需特别注意指令框的使用。

4.AI智能体

豆包拥有丰富的AI智能体。单击图3-17中④处的"发现AI智能体"按钮，将跳转到相应界面，如图3-19所示。该界面既有AI智能体库，又允许用户创建智能体。

图3-19

用户可以根据需求，有针对性地搜索所需的AI智能体。同时，豆包还创建了多种智能体类别，如工作、学习、创作等，以方便用户浏览和查找。创建智能体功能允许用户定制所需的AI智能体，目前的智能体多用于文本生成和对话。单击右上角的"创建AI智能体"按钮，创建界面如图3-20所示。

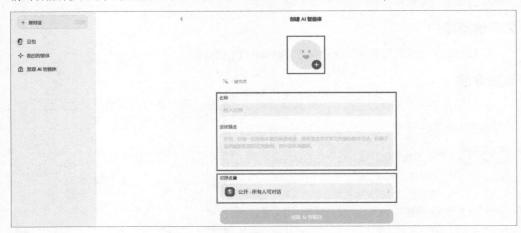

图3-20

在该界面，可以个性化设置AI智能体的头像、名称及详细设定（包括身份、习惯、说话方式等），并设置使用权限。此外，豆包还提供了"一键完善"功能，能够根据用户的描述对设定进行细化和补充。

3.2.2 手机版布局

豆包手机版的布局与网页版有所不同，但功能和使用逻辑基本一致。下面介绍手机版的界面和操作方式。

图3-21

1.对话

登录豆包手机版后，会进入图3-21（左）所示的界面。单击右上角的 ••• 按钮，可以设置豆包的声音、语言和字体大小等。界面下方的指令框，与网页版的功能和操作相同。退出与豆包的对话界面后，将返回到完整的对话列表界面，如图3-21（右）所示。单击右上角的⊕按钮，可以选择创建新对话或创建AI智能体，并跳转到相应界面。

2.发现

单击底部导航栏中的"发现"按钮，会跳转到与网页版的"发现AI智能体"功能相同的界面。同样地，可以在图中框选的位置搜索所需的智能体，如图3-22所示。

3.创建

单击底部导航栏中的"创建"按钮后，会跳转到智能体创建界面，该界面与网页版相似，如图3-23所示。在"设定描述"文本框下方，可以直接设置AI智能体的声音和语言，这在网页版的创建界面中是没有的。右上角的"自动生成"功能与网页版的"一键完善"功能相同，在输入设定后，豆包会提供完善方案，可根据需要使用。

4.其他

"通知"界面用于查看消息，与其他用户的所有沟通记录都可以在此找到。"我的"界面中显示了创建的AI智能体，如图3-24所示。创建的"123"智能体显示在"编辑个人资料"的下方。

图3-22

图3-23

图3-24

豆包计算机版的界面和操作方式与网页版大致相同，此处不再重复介绍。读者可以参考网页版的讲解来了解和学习计算机版的操作。

实战：生成抖音视频脚本

素材文件	无
学习目标	掌握豆包的对话逻辑

本实战制作一个以"和平"为主题的短视频脚本，豆包的"帮我写作"功能将对此提供有力帮助。

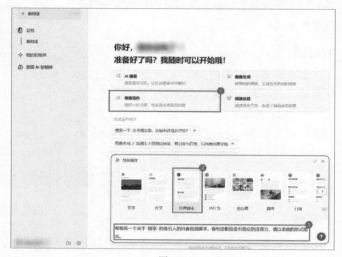

图3-25

因为AI工具的操作不像传统软件那样固定，所以本书对于部分案例仅介绍操作思路，读者可以根据提示进行操作。本实战的操作思路如图3-25所示，说明如下。

①登录豆包，单击"帮我写作"按钮，下方指令框处会弹出相应窗口。

②选择文本类型中的"抖音脚本"，豆包会在指令框中生成描述模板。

③在模板中输入主题"和平"。如果不想使用提供的模板进行描述，可以删除指令框中的模板，自行输入。

豆包生成脚本，结果如图3-26所示。

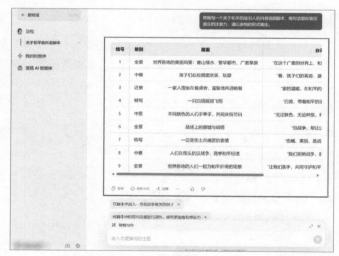

图3-26

技巧提示 若需要修改生成的脚本，可以单击其下方的"调整"按钮，如图3-27所示。

目前，豆包支持调整文本的长度、朗读的语气和语言（包括简体中文、繁体中文和英文），从而使制作过程更加方便快捷。

图3-27

实战：生成巨树图片

素材文件	无
学习目标	掌握用豆包生成图片的方法

使用豆包的"图像生成"功能，一些较为夸张的画面也可以方便快捷地制作出来。操作思路如图3-28所示，说明如下。

①登录豆包后，单击"图像生成"按钮，下方会弹出相应窗口。

②选择"赛博朋克"风格。

③在指令框中详细描述巨树的外形。

豆包生成图片，结果如图3-29所示。

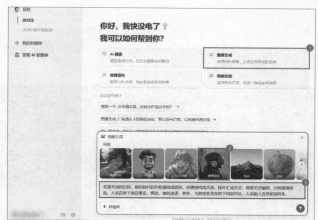

图3-28

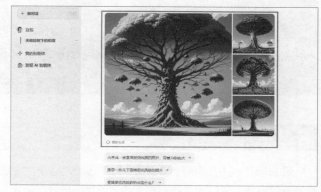

图3-29

技巧提示 在生成图片时，除了准确、详细地描述我们的想法和灵感，灵活运用工具也是必不可少的。"添加特征词"功能可以帮助我们在镜头视角和光线方面对生成的图片进行更加准确的调试，如图3-30所示。

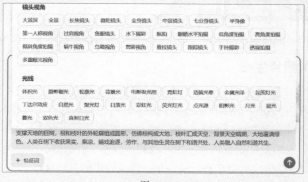

图3-30

3.3 即梦

即梦提供两大核心功能：AI绘画和AI视频生成。它适用于广泛的用户群体，包括内容创作者、设计师、教育工作者等，旨在简化创作流程，激发创意灵感，为用户提供更多的创作可能性和工具。

即梦的主界面清晰简洁，主要的创作功能和素材库位于界面中心，辅助功能和其他模块则排列在左侧，如图3-31所示，下面依次介绍。

图3-31

3.3.1 账号登录

进入即梦的主界面后，单击图3-31中①处"登录"按钮或左侧⑤处的"个人主页"，即可跳转至登录界面。可以使用抖音账号登录或用手机号注册账号。

3.3.2 AI作图

即梦的"AI作图"功能入口如图3-31的②处所示，分为"图片生成"和"智能画布"两种。

1.图片生成

"图片生成"功能主要通过用户的文字描述生成图片，即"文生图"。单击"图片生成"按钮，进入操作界面，如图3-32所示。可以看到左侧为操作区域：①处为指令框，用户可以在此处通过文字描述让AI生成符合需求的图片；②处为模型选择区域，可以选择多种风格的模型，使生成的图片更具特色，并可以通过调整"精细度"控制图片的精细程度，数值越高图片质量越高，但生成时间也会相应增加；③处为比例设置区域，可以设定生成图片的长宽比和尺寸，尺寸越大，生成质量越高，所需时间也越长。

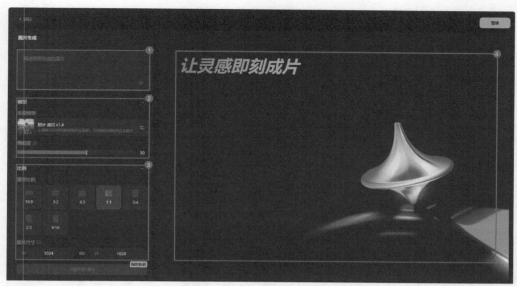

图3-32

技巧提示 登录账号后,进入"图片生成"界面。在指令框下方,有一个"导入参考图"按钮,如图3-33所示。单击后,可以上传图片,并配合文字描述,让即梦基于上传的图片进行生成。

图3-33

2.智能画布

"智能画布"功能提供了一个交互式创作环境,允许用户自由创作和编辑。"智能画布"界面如图3-34所示。通过①处上传图片或利用文本生成图片,用户可以获取待编辑的原始图片;②处为工具栏,实时预览、尺寸调整、文字添加和画笔等编辑工具均可在此找到;制作过程中生成的图层在③处浏览和调整;单击④处,会弹出用户在即梦平台近期制作的项目列表,同时也可以新建项目。

图3-34

3.3.3 AI视频

该模块包含两个主要部分："视频生成"和"故事创作"。

1.视频生成

在主界面单击"视频生成"按钮进入对应工作界面，如图3-35所示。可以选择"图片生视频"和"文本生视频"两种方式。在①处可以上传图片或输入文本；②处为运镜控制区域，右侧的"运镜类型"默认为"随机运镜"，也可推近、拉远、顺时针旋转和逆时针旋转镜头等，左侧为对应的效果预览（仅为效果演示，不含具体图片）；③处可设置视频比例和运动速度。需要注意的是，图片生成视频时暂不支持调整比例，即梦会根据用户上传图片的比例自动调整。文本生成视频时则可以选择16∶9、4∶3、1∶1等视频比例。运动速度分为"慢速""适中""快速"3个挡位，可根据需求调节。

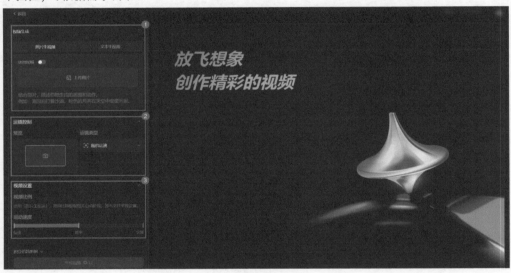

图3-35

> **技巧提示** 在利用图片生成视频时，开启"使用尾帧"后，用户可以分别上传首帧和尾帧的图片，如图3-36所示。这种方法通过锚定视频的开头和结尾画面，使即梦能够更加准确地生成符合用户预期的视频，实现画面间的顺畅衔接。

图3-36

2.故事创作

"故事创作"功能用于帮助用户一次性生成若干符合故事情节的镜头，如图3-37所示。

在主界面单击"故事创作"按钮，进入对应工作界面，如图3-38所示。界面中间是视频预览窗口，下方有"批量导入分镜"和"创建空白分镜"两个按钮。下面讲解如何利用"创建空白分镜"功能生成故事画面和视频。

图3-37

图3-38

01 单击"创建空白分镜"按钮，按钮所在区域会变为分镜描述输入区域，用户可以在不同的分镜框中输入对分镜内容的描述。当前只有一个分镜框——"分镜1"，如图3-39所示。

02 在文本框中输入一段分镜内容描述，然后单击右侧的"创建空白分镜"按钮，生成"分镜2"分镜框，如图3-40所示。

图3-39

图3-40

03 用同样的方法分别创建"分镜3""分镜4"，并输入各个分镜的内容描述，如图3-41所示。此处输入的内容由豆包生成。

图3-41

04 对于每一个分镜，都可以通过对应的按钮将其内容生成视频或者图片，如图3-42所示。单击"做视频"按钮，此时界面左侧会弹出属性栏，包含控制视频内容的相关参数，如图3-43所示。

图3-42

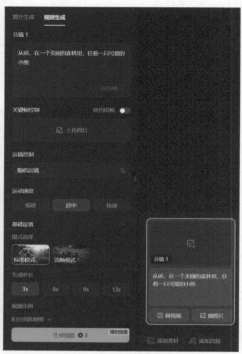

图3-43

技巧提示 下面介绍一些常用参数，如图3-44所示。

关键帧控制：可以添加图片作为关键帧，以精确控制生成视频的内容。

运镜控制、运动速度：可以设置运镜的类型与速度。

模式选择：可以根据视频的特点选择标准或流畅模式。

图3-44

05 保持默认参数，单击"生成视频"按钮，界面右侧会弹出素材栏，并显示生成进度，如图3-45所示。等待一段时间后，"分镜1"的视频就生成好了，如图3-46所示。

图3-45   图3-46

06 单击"分镜2"中的"做图片"按钮，如图3-47所示。工作台左侧会弹出"图片生成"属性栏，如图3-48所示。在这里根据需求进行操作，即可生成图片。

图3-47   图3-48

3.3.4 模板库

即梦提供了丰富的模板和场景选项，可以帮助我们快速推进项目并获得灵感。除了在主界面直接浏览选择外，单击左侧的"探索"可以切换到模板专区，二者无较大区别。即梦将模板分为"图片""视频""短片"3类，可以按照需求有针对性地筛选，如图3-49所示。这种方式可以让用户从风格、用途、形式等方面快速锁定适用的模板，并开始创作。

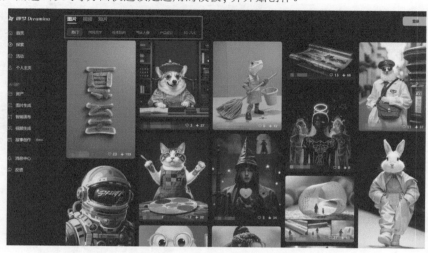

图3-49

单击所需模板后，会进入相应的制作界面。下面以图片模板中的"夏至"为例，介绍模板功能的使用，模板操作界面如图3-50所示。

①处的按钮用于按顺序浏览多个模板。在②处可以下载模板图片或分享链接。③处显示了模板的描述词和设置信息，供用户参考。在④处单击红心图标可将模板加入收藏，便于后续查找。⑤处为操作区域。

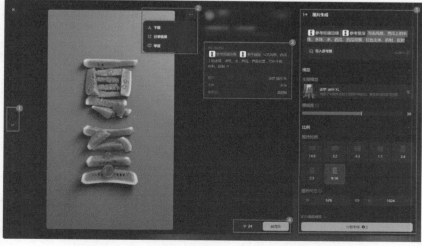

图3-50

3.3.5 功能设置

即梦主界面的左侧展示了平台各模块的总览列表，所有主要和次要功能均可在此找到。下面将简要介绍主要功能之外的其他功能。单击"活动"，即可进入活动展示界面，如图3-51所示。即梦平台发布的所有活动均以简洁的卡片形式排列，用户可以单击卡片跳转到对应详情页，查看活动的详细信息。

图3-51

单击"个人主页"，可以查看自己发布的作品和点赞的作品。通过分享链接，他人可以在即梦平台上找到用户的个人账号，方便交流和沟通，如图3-52所示。

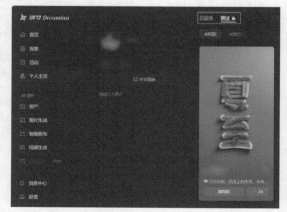

图3-52

中间的"AI创作"部分已有介绍，这里不赘述。"资产"是用户生成、制作的作品的存储位置。需要注意的是，即梦上的视频生成结果仅被保留180天，而图片和画布生成结果则没有这样的限制。建议将生成的视频作品下载到本地，以避免过期后因不再保留而丢失。下方的"消息中心""反馈""邀请"功能是基本功能，供用户信息交流和对平台问题进行反馈等，本书不再详细描述。

实战：生成猫咪视频

素材文件	无
学习目标	掌握即梦的视频生成方法

本实战制作一段名为"猫咪趴在窗台上张望"的短视频。准备好提示词，即可开始制作。操作步骤如图3-53和图3-54所示。

图3-53

①登录即梦，进入"图片生成"界面，在指令框中输入对猫咪图片的描述。

②选择生图模型"即梦 通用v1.4"，设置"精细度"为25，"图片比例"设为1：1。

③如果对生成的图片不满意，可以在其下方重新编辑或再次生成。

④单击"生成视频"按钮，并选中第1张图片作为素材。

图3-54

⑤刚才生成的图片将自动加载到生成视频的素材图片位置。如果不想使用即梦生成的图片，也可以自行上传。

⑥设置"随机运镜"，将"运动速度"设为"适中"。

⑦单击"生成视频"按钮，即梦将根据图片生成视频。

技巧提示 在制作过程中，有时需要对已生成的图片进行内容调整，重新生成会有些麻烦。这时，可以使用智能画布中的局部重绘功能。将生成的图片上传到智能画布中，单击"局部重绘"按钮，如图3-55所示。

选择图3-56中①处的画笔，用画笔标记图片中想要修改的部分，然后在下方的指令框中描述想要进行何种修改，例如想要在图片中猫咪看向的部分加上一只蝴蝶，重绘结果如图3-57所示。

智能画布中的其他功能，如扩图、消除、抠图等，在实际操作中都非常实用。

图3-55

图3-56

图3-57

实战：自然风光短片

素材文件	素材文件>CH03>实战：自然风光短片
学习目标	掌握AI视频制作的基本流程

本实战融合AI技术与艺术创作，打造出令人难以忘怀的视听佳作，共安排4个环节。

第1个环节，借助豆包，制作项目的核心——视频脚本与文本内容。

第2个环节，将文字转变为生动的视频画面。即梦可依据脚本内容创作出充满活力的视频素材。

第3个环节，后期制作。使用剪映的AI功能，如智能剪辑、色彩校正及特效添加等，对视频进行编辑。注意，此环节与第4个环节，没有明显的先后顺序，存在一定交叉。

第4个环节，运用Suno为视频配上背景音乐。

本实战使用4个工具，分别是豆包、即梦、剪映和Suno，效果如图3-58所示。读者可以观看教学视频进行学习。

图3-58

实战：科普短视频（自然与宇宙）

素材文件	素材文件>CH03>实战：科普短视频（自然与宇宙）
学习目标	掌握科普短视频的制作思路

　　本实战演示配合使用豆包、Pika、Suno和剪映，打造一个关于自然与宇宙的科普类短视频的完整流程。首先，借助豆包创作完整的短视频脚本，然后运用 Pika 根据脚本生成相应的短视频场景，接着采用Suno制作短视频的背景音乐，最终利用剪映将各场景视频和背景音乐整合为完整的短视频。

　　该实战的制作思路相对简单，即根据脚本适配短视频场景和背景音乐，利用剪映在每个场景中添加音效、文本、贴纸、特效和转场等元素，最终拼接成片。效果如图3-59所示。

图3-59

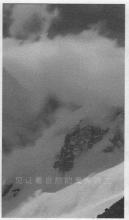

图3-59（续）

实战：AI儿童教育视频

素材文件	素材文件>CH03>实战：AI儿童教育视频
学习目标	掌握教育类视频的制作思路

本实战将系统地介绍如何使用多个AI工具制作一部面向儿童的教育视频《什么是AI》，包括从脚本创作到最终视频制作的全过程。

首先，准备脚本。利用豆包，可以获得易于儿童理解的脚本，从而为视频内容提供清晰的框架。接下来，借助Copilot进行画面的初步设计，即通过输入提示词来生成与脚本相匹配的画面，并根据需要调整提示词以优化结果。随后，将这些静态画面导入Pika，将其转换为视频。在Pika中，继续使用图像和提示词生成流畅的动画效果，确保每个场景准确传达脚本的意图。

为了增强视频的吸引力，将使用Stable Audio制作背景音乐，使视频在视觉和听觉上都能吸引儿童的注意力。最后，在剪映中进行视频和音频的合成，添加必要的字幕、转场和音效，使视频内容更加完整和专业。通过上述步骤，将制作出一段时长30秒左右的教育视频，以儿童易于接受的方式介绍AI的概念。效果如图3-60所示。

图3-60

实战：动态绘本

素材文件	素材文件>CH03>实战：动态绘本
学习目标	掌握动态绘本的制作方法

本实战使用Kimi、Copilot、Runway和剪映共同制作一个动态绘本，制作思路相对简单。首先，利用Kimi生成详细的故事文本，然后使用Copilot根据故事文本生成相应的画面图像，再在Runway中以这些图像为基础生成场景视频，最后在剪映中为每段场景视频添加音频、文本、贴纸、特效和转场效果，并将这些场景视频拼接成完整的动态绘本。效果如图3-61所示。

图3-61

第 **4** 章

其他AI工具联动

4

本章主要介绍可以和剪映关联使用的AI工具。读者可以使用这些工具完成文案创作、图片创作和视频创作等工作。注意,这些工具并不是唯一选择,读者可以根据需求搜索其他类似的AI工具。使用AI制作视频的重点是制作思路和流程,读者应该在不同环节灵活地借助AI工具来提高工作效率。

4.1 语言类AI工具

ChatGPT属于聊天型人工智能机器人，在自然语言处理（NLP）与人机交互领域实现了技术创新与突破。它基于GPT（Generative Pre-trained Transformer）架构构建，通过对大规模数据集的深度学习和训练，拥有了理解和生成自然语言文本的强大能力。ChatGPT能够依据上下文信息产生连贯且具有逻辑性的回复，不仅能够回答简单的问题，还能处理复杂的查询请求。它甚至能在对话中表现出幽默感与同理心，展示出卓越的交互性能。在视频制作领域，该工具通常用于帮助构思剧情内容或进行创意指导等。因为文本处理的操作比较简单，所以本节将不进行单独介绍，会在第5章结合案例进行讲解。本节主要介绍调用DALL·E生成图像的方法。

> **技巧提示** 如果因为网络问题无法平稳地使用ChatGPT，读者可以使用其他聊天类AI工具进行替代，如百度的"文心一言"等。这些聊天类AI工具的操作方法基本一致，即进入工具的官方网站，然后登录账户，接着通过对话聊天的方式进行操作。

4.1.1 ChatGPT

目前常用的两个版本是ChatGPT 4和ChatGPT 3.5，对应不同的模型。在有条件的基础上，笔者建议读者使用更有优势的ChatGPT 4模型，它可以集成或调用其他内部模型和工具来增强ChatGPT的功能，如DALL·E、内置浏览器，以及其他特定功能模块。ChatGPT 4的对话界面如图4-1所示。

图4-1

重要模型解析

◇ DALL·E：用于生成图像的模型。当用户请求生成特定的图像时，ChatGPT可以调用DALL·E或类似的图像生成模型，以创建符合描述内容的图像。

◇ 内置浏览器工具：ChatGPT可以使用内置的浏览器来执行网络搜索任务，提供基于当前最新网络信息的回答，例如使用Bing作为搜索引擎。

◇ 其他特定功能的模型：对于一些特定的功能和任务，如编程、翻译、数学问题解答等，ChatGPT会集成专门的算法或模型来进行处理。

4.1.2 调用DALL·E生成图像

DALL·E采用了一种名为变换器(Transformer)的神经网络架构,该架构初始设计用于增强自然语言处理能力,目前已经扩展应用于图像生成领域,实现了根据文本描述生成相应图像的功能。界面如图4-2所示。

图4-2

DALL·E特点解析

◇ 创造力与想象力的融合:DALL·E的核心特点在于它的无限创造力。它能够根据文本描述,将纯文字的想象转化为视觉图像。这种能力让人们能够将想法变为现实,创造出传统手段难以实现的艺术作品。

◇ 精准的视觉呈现:DALL·E对文本描述的理解惊人地精准。无论是对具体物体的描述,还是对抽象概念的表达,它都能够生成与之高度匹配的图像。这种精准性不仅体现在物体的形状和颜色上,还包括场景的氛围和情感的表达。

◇ 风格上的多样性:DALL·E生成的图像在风格上具有多样性。它能够模仿从古典到现代的各种艺术风格,也能创造出全新的视觉风格。这为艺术家和设计师提供了广阔的实验空间。

◇ 组合与变化的能力:DALL·E能够将不同的元素和概念进行组合和变化,创造出十分独特的图像。它能够在一个图像中融合多个概念,甚至是看似不相关的元素,从而产生出富有创意的结果。

◇ 文化敏感性:作为一种智能工具,DALL·E在理解和反映不同文化元素方面表现出了一定的敏感性。它可以根据特定的文化背景生成符合文化特色的图像,这使得它在全球范围内具有广泛的适用性。

◇ 对未来艺术的影响:DALL·E不仅是一个技术产品,更是对未来艺术和创造力的一种探索。它拓宽了艺术创作的边界,提供了一种全新的创作方式,这对艺术家、设计师甚至普通人都是一种启发和挑战。

技巧提示 DALL·E和Stable Diffusion都是人工智能图像生成领域的重要模型,但它们在核心技术和实现方法上有着显著差异。DALL·E基于变换器架构,而Stable Diffusion则基于扩散模型。

DALL·E

架构:DALL·E使用的是变换器架构,这种架构最初设计用于处理和生成文本。

工作方式:DALL·E通过理解文本描述和学习大量的图像、文本,能够生成与文本描述相匹配的图像。

应用:DALL·E擅长根据具体和复杂的文本描述生成创意丰富的图像。

Stable Diffusion

架构:Stable Diffusion是基于扩散模型的。扩散模型是一种生成模型,它通过逐渐将数据从无序状态(如随机噪声)转换为有序状态(如特定图像)的方式来工作。

工作方式:扩散模型在生成过程中模拟了一种物理过程,即数据从高熵(无序)状态逐渐转换到低熵(有序)状态。这个过程涉及多个步骤,可以逐步改善图像的质量和清晰度。

应用:扩散模型主要用于图像生成、图像修复、分辨率提高等。

关于Stable Diffusion的内容,本章后续会进行讲解。

下面演示如何使用DALL·E与Runway进行关联创作。

01 在ChatGPT中调用DALL·E，然后输入提示词，即可生成图像，如图4-3所示。

　　海啸，渺小的灯塔，1920*1080

02 将鼠标指针移动到图像上，单击图像左上角的下载图标📥，即可将图像文件下载到本地，如图4-4所示。

图4-3　　　　　　　　　　　　　　　　　　　　　　　　　　　　　图4-4

技巧提示 单击DALL·E生成的图片，并单击右上角的"信息"按钮，可以查看当前图像生成的提示词，显示为英文形式。如果读者有需求，可以直接复制提示词，如图4-5所示。

图4-5

03 将下载的图像文件导入Runway，然后使用Text/Image to Video（文本/图像到视频）工具生成视频，如图4-6和图4-7所示。

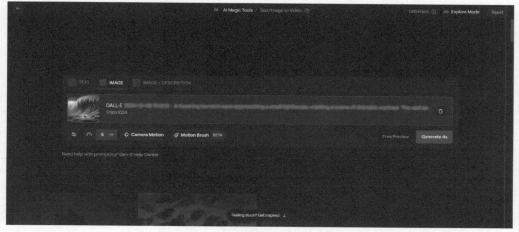

图4-6

图4-7

4.2 绘画类AI工具

提到绘画类AI工具，Midjourney和Stable Diffusion是绕不开的"两座大山"。前者以操作简单、出图效率高、入门门槛低成为亮眼明星，后者以模型学习能力强、精准度高、可编辑性强而深受画师、设计师喜爱。本节将分别介绍这两个工具。

4.2.1 Midjourney

在Midjourney中输入描述画面的提示词（英语），等待1分钟左右，就可以生成对应的图片。Midjourney在视频制作领域的用处同样较大，可与Runway等视频类AI工具配合使用。

这是一名用户分享的作品，通过使用Midjourney和Runway制作了一个《芭比》和《奥本海默》拼接电影Barbenheimer（芭本海默）的预告片，用时仅4天。预告片的片段如图4-8和图4-9所示。

图4-8

图4-9

下面以*Barbenheimer*预告片片尾的"粉色爆炸"为例, 演示一下**Midjourney**和**Runway**的关联操作。

01 打开**Midjourney**, 在下方指令框中输入/imagine, 然后选择弹出的/imagine 指令, 如图4-10所示。

图4-10

02 对画面进行描述, 这里的提示词大意为"炸弹在沙漠中爆炸, 在空中产生了巨大的粉色烟雾, 远视角, 俯视, 比例为16:9"。将提示词翻译成英文, 输入指令框, 如图4-11所示。

The bomb exploded on the desert, producing a huge pink smoke in the air. From a far perspective, from above --ar 16:9

图4-11

03 按Enter键发送提示词。等待1分钟左右, Midjourney会根据提示词生成4张图。在进行对比后, 认为第2张图(右上角)的效果较好, 于是选择该图作为视频的第1帧。单击U2按钮 U2, Midjourney会对第2张图进行放大并填充更多细节, 如图4-12所示。

技巧提示 如果想对某张图进行微调, 如第2张, 可以单击V2按钮 V2, Midjourney就会对第2张图进行细微的调整, 重新生成4张图。

图4-12

04 此时, Midjourney会将第2张图放大。将鼠标指针移动到该图上, 单击鼠标右键, 选择"保存图片"命令, 将生成的图片下载到本地, 如图4-13和图4-14所示。

图4-13

图4-14

05 进入Runway，在Runway主界面选择Text/Image to Video工具，如图4-15所示。

图4-15

06 选择IMAGE（图像）模式，将刚才下载好的Midjourney生成的图片拖曳到图片上传区域，如图4-16所示。

图4-16

07 单击Generate 4s（生成4秒）按钮 Generate 4s，生成视频。视频内容出现了爆炸烟雾不断扩大的画面，如图4-17所示。如果觉得效果不错，可以单击Download（下载）按钮 ，将其下载到本地。

图4-17

技巧提示 至此，一共花费了大约3分钟时间，得到了一段"粉色爆炸"的4秒视频，而且画面效果十分不错。Midjourney和Runway是两个独立但互补的工具，它们的结合可以帮助用户在有限的时间内做出更多素材，这些素材可以在剪映中被进一步编辑。关于Midjourney的配置方法，读者可以通过互联网查询。

4.2.2 Stable Diffusion

　　Stable Diffusion（简称SD）是一个基于深度学习的文本到图像生成模型。该模型可以用于根据文本描述生成指定内容的图像，即"文生图"；也可以用于对已有的图像进行转绘，即"图生图"；还可以用于图像的局部重绘、外补扩充、高清修复，甚至生成视频等。

　　用户可以在Stability AI的平台上使用Stable Diffusion，也可以在GitHub中下载部分版本的开源代码。Stability AI官网页面如图4-18所示。

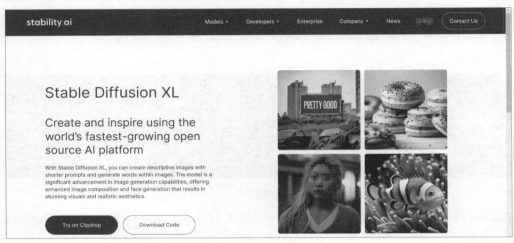

图4-18

技巧提示 Stable Diffusion有一个免费在线平台，即Stable Diffusion Online，读者可以在该网站使用Stable Diffusion XL模型来创建和编辑图像，如图4-19所示。

图4-19

　　关于Stable Diffusion在本地计算机的配置方法，读者可以在网上搜寻相关教程。第5章会在操作中讲解Stable Diffusion的使用方法。

4.3 视频类AI工具

除了已提到的Runway，其实还存在很多视频类AI工具，它们的操作思路大致相同。本节将介绍比较常用的几种视频类AI工具，读者可以根据实际需求选择并使用它们。

4.3.1 Stable Video Diffusion

Stable Video Diffusion（简称SVD）是Stability AI推出的一个基于图像生成视频的模型。SVD建立在SD的基础上，可以根据给定的图像生成一段连续的视频。视频效果如图4-20所示。

图4-20

编写此部分内容时，Stable Video Diffusion仍未集成到Web UI，因此需要使用Google Colab进行操作与讲解。SVD的Colab项目页面如图4-21所示。下面使用SVD进行视频生成。

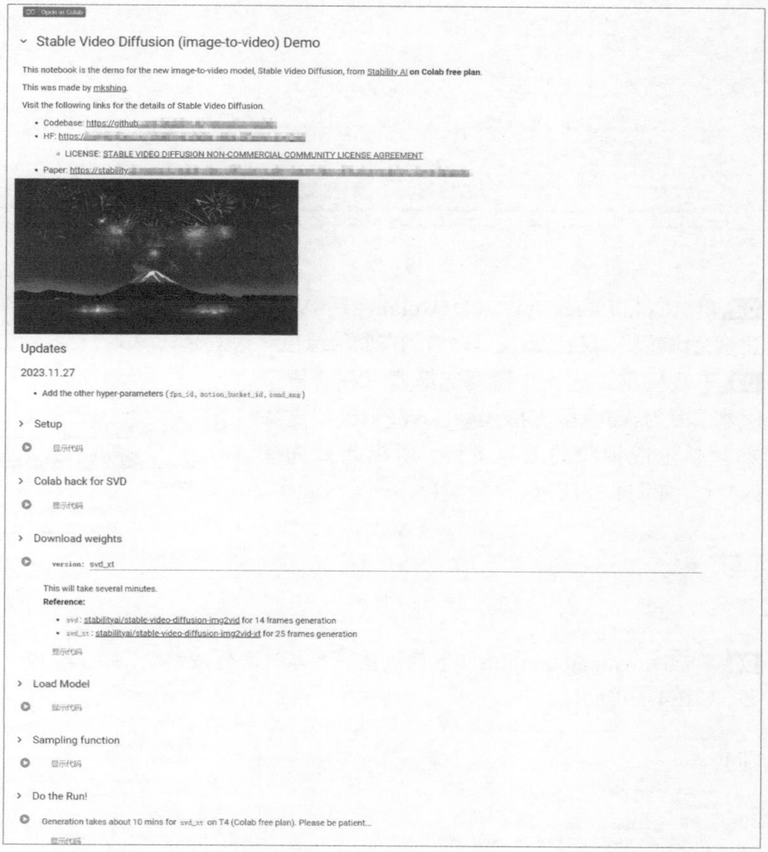

图4-21

01 单击Setup（安装）下方的运行按钮 ▶，如图4-22所示。在弹出的对话框中选择"仍然运行"，程序便开始运行，如图4-23所示。

> Setup
>
> ▶ 显示代码

图4-22

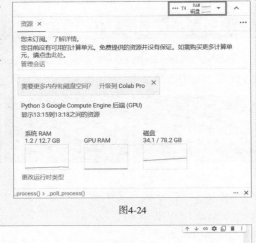

警告：此笔记本并非由 Google 创建

系统正在从 **GitHub** 加载此笔记本。此笔记本可能会请求访问您存储在 Google 账号名下的数据，或读取其他会话中的数据和凭证。请先查看源代码再执行此笔记本。

取消　仍然运行

图4-23

技巧提示 单击右上角的资源区域，可以看到已经开始分配GPU的资源，如图4-24所示。

因为当前笔者的账号仍处于未订阅状态，需要先下载一些依赖程序，所以安装的用时会比较长，大概在5分钟左右。下载完成后会出现提示，如图4-25所示。

资源 ×

您未订阅。了解详情。
您目前没有可用的计算单元。免费提供的资源并没有保证。如需购买更多计算单元，请点击此处。
管理会话

需要更多内存和磁盘空间？　升级到 Colab Pro ×

Python 3 Google Compute Engine 后端 (GPU)
显示13:15到13:18之间的资源

系统 RAM　　　GPU RAM　　　磁盘
1.2 / 12.7 GB　　　　　　　　34.1 / 78.2 GB

更改运行时类型

process() > _poll_process()　　　　　　　　　　… ×

图4-24

```
Attempting uninstall: pydantic
    Found existing installation: pydantic 1.10.13
    Uninstalling pydantic-1.10.13:
      Successfully uninstalled pydantic-1.10.13
ERROR: pip's dependency resolver does not currently take into account all the packages that are installed. This behaviour is the source of the following dependency conflicts.
lida 0.0.10 requires kaleido, which is not installed.
llmx 0.0.15a0 requires cohere, which is not installed.
llmx 0.0.15a0 requires openai, which is not installed.
llmx 0.0.15a0 requires tiktoken, which is not installed.
tensorflow-probability 0.22.0 requires typing-extensions<4.6.0, but you have typing-extensions 4.8.0 which is incompatible.
torchtext 0.16.0 requires torch==2.1.0, but you have torch 2.0.1+cu118 which is incompatible.
torchtext 0.16.0 requires torchdata==0.7.0, but you have torchdata 0.6.1 which is incompatible.
Successfully installed aiofiles-23.2.1 annotated-types-0.6.0 colorama-0.4.6 fastapi-0.104.1 ffmpy-0.3.1 gradio-4.8.0 gradio-client-0.7.1 h11-0.14.0 httpcore-1.0.2 https-0.25.2 orjson-3.9.10 pyda
```

图4-25

02 单击Colab hack for SVD（Colab激活SVD）下方的运行按钮 ▶，如图4-26所示。这时的运行速度会比较快，仅1秒后就可以看到左侧的绿色对钩图标 ✓，表明已经运行结束，如图4-27所示。

03 下载权重。这一步需要选择要下载的模型版本，因为svd模型支持14帧，svd_xt模型支持25帧且生成视频的效果更好，所以此处选择svd_xt，如图4-28所示。

> Colab hack for SVD
>
> ▶ 显示代码

图4-26

> Colab hack for SVD
>
> ✓ ▶ 显示代码

图4-27

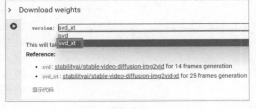

> Download weights
>
> ▶ version: svd_xt
>   svd
>   svd_xt
> This will tak...
>
> **Reference:**
> • svd : stabilityai/stable-video-diffusion-img2vid for 14 frames generation
> • svd_xt : stabilityai/stable-video-diffusion-img2vid-xt for 25 frames generation
>
> 显示代码

图4-28

04 单击Download weights（下载权重）下方的运行按钮 ▶，如图4-29所示。下载完毕，用时1分钟，如图4-30所示。

> Download weights
>
> ▶ version: svd_xt
>
> This will take several minutes.
> **Reference:**
> • svd : stabilityai/stable-video-diffusion-img2vid for 14 frames generation
> • svd_xt : stabilityai/stable-video-diffusion-img2vid-xt for 25 frames generation

图4-29

> Download weights
>
> ✓ ▶ version: svd_xt
>
> This will take several minutes.
> **Reference:**
> • svd : stabilityai/stable-video-diffusion-img2vid for 14 frames generation
> • svd_xt : stabilityai/stable-video-diffusion-img2vid-xt for 25 frames generation
>
> 显示代码
>
> download from https:...

图4-30

05 单击Load Model（加载模型）下方的运行按钮 ⊙，如图4-31所示。

图4-31

技巧提示 如果运行过程中出现报错情况，说明缺少了依赖程序，可以根据指引进行下载，如图4-32所示。

根据报错中的提示，需要执行!pip install或者!apt-get install命令安装。

pip install和apt-get install是两种安装软件包和依赖的命令，它们分别用于Python包的管理和Linux系统的包管理。

图4-32

pip install

pip是Python的包管理器，用于安装和管理Python包。当使用pip install package_name命令时，它会从Python包索引（PyPI）下载并安装指定的包。例如，执行pip install numpy命令会安装NumPy库，这是一个广泛用于科学计算的Python库。在一些环境（如Jupyter Notebook或Google Colab）中，需要在命令前加上感叹号"!"，以在Notebook的单元格中将其作为shell命令执行。

apt-get install

apt-get是Debian及其衍生系统（如Ubuntu）的包管理工具，用于安装和管理系统级的软件包。使用apt-get install package_name命令可以安装Linux发行版的官方库中的软件包。例如，执行apt-get install git命令会安装Git工具。与pip一样，在Jupyter Notebook或Google Colab等环境中，"!"用于在单元格内执行系统命令。

因为Stable Diffusion依赖于Python的机器学习和图像处理库，所以需要安装缺少的包。下面介绍具体操作方法。

（1）单击OPEN EXAMPLES（打开示例）按钮 OPEN EXAMPLES ，跳转到安装页面，如图4-33和图4-34所示。

图4-33

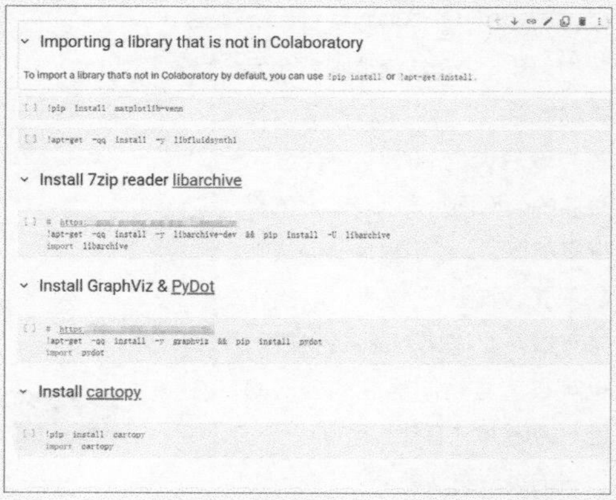

图4-34

（2）单击!pip install左侧的运行按钮▶进行安装，如图4-35所示。下载完毕，用时8秒，如图4-36所示。

图4-35

图4-36

（3）返回SVD运行页面，单击Load Model下方的红色运行按钮▶，重新运行该步骤，如图4-37和图4-38所示。

图4-37　　　　　　　　　　图4-38

06 单击Sampling function（抽样函数）下方的运行按钮▶，如图4-39所示。运行完毕，用时大约1秒，如图4-40所示。

07 单击Do the run!（立即运行！）下方的运行按钮▶，如图4-41所示。

图4-39　　　　　　　　图4-40　　　　　　　　　　　图4-41

技巧提示 当执行这一步的时候，程序将一直保持在运行中的状态，因为它会持续监视前台发送的数据，从而生成视频。运行该步骤后大约10秒，便会显示程序的公网网址，以及下方的程序框架页面，说明程序已经成功部署了，如图4-42所示。接下来可以在此框架页面进行操作，也可以直接访问程序的公网网址。两者并没有什么区别，只是后者的页面更清晰。

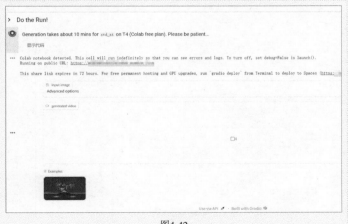

图4-42

08 笔者选择通过单击网络链接来访问程序的公网网址，此时会进入一个简洁的程序前台页面，如图4-43所示。

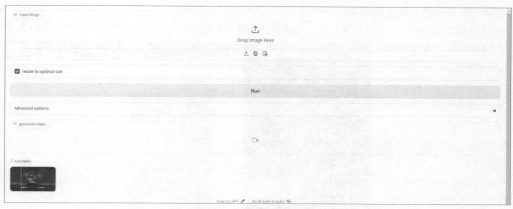

图4-43

技巧提示 因为SVD是一个以图生视频的模型，所以界面中没有指令框。界面中间有3个按钮，从左至右分别为"上传图像文件"按钮 ⬆️、"启动实时拍摄"按钮 ◎ 和"从剪贴板获取图片"按钮 📋。

09 单击"上传图像文件"按钮 ⬆️，上传图4-44所示的图片，然后单击Run（运行）按钮 `Run`，进行视频生成。

图4-44

技巧提示 为了更好地检验SVD生成视频的效果，此处专门对比了由ChatGPT生成提示词，并在Runway中使用Gen-2模型转换成视频的素材。对比之下，Runway的效果更佳。不过随着版本的更替，SVD应该能不断优化，读者可以将其作为一个备用工具。

4.3.2 Canva

Canva是一个免费的在线平面设计平台，主要用于生成各种类型的设计作品，如社交媒体贴文、简报、海报、视频、标志等。

Canva常用AI工具解析

◇ Magic Write：文案生成工具。输入关键词，它会提供多种风格和语气的文案。

◇ Magic Edit：图像风格转换工具。用于应用不同的滤镜，如油画、素描、卡通等，或者调整图像的亮度、对比度、饱和度等。

◇ Magic Resize：自动调整尺寸工具。可以快速将设计适配到不同的平台和场景。

◇ Magic Background Remover：自动抠除背景工具。可以将图像中的人物或物体从背景中分离出来，然后置于新背景或其他设计中。

◇ Magic Layout：自动排版工具。可以根据内容和目的选择不同的布局模板，也可以让AI推荐合适的布局，让设计更加美观和专业。

此外，Runway与Canva合作推出了一款名为Magic Media的应用，除在Canva中使用文本生成图像以外，还可以直接使用Runway的Gen-2模型生成高质量的视频。Magic Media主界面如图4-45所示。

图4-45

1.使用Magic Media进行文生图

01 切换到Images（图像）模式，在指令框中输入提示词，位置如图4-46所示。

图4-46

技巧提示 如果暂时没有创意思路，可以让Canva提供一些基础的例子。单击指令框下的Try an example（尝试一个示例）按钮，可以自动填充提示词，如图4-47所示。此时按钮会变为Try another（尝试另一个）按钮，单击可以切换各种不同的提示词，如图4-48所示。

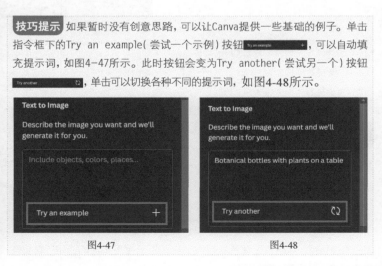

图4-47　　　　　　　　　　图4-48

02 在Styles（风格）中可以选择图像风格，如图4-49所示。

03 在Aspect ratio（横纵比）中可以选择画面的比例，如图4-50所示。一切设置好后单击Generate image（生成图像）按钮 ，生成的图片如图4-51所示。读者可以根据自己的需求输入提示词。

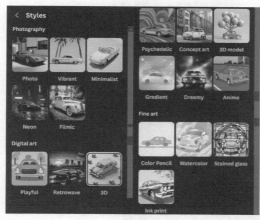

图4-49

图4-50

图4-51

技巧提示 每次会生成4张图片，读者可以单击任意一张图片右上角的图标，如图4-52所示。选择Generate more like this（再生成与该图效果类似的图），可以生成与该图类似的另外3张图，如图4-53所示；单击任意一张图，可以在右侧画布中对其进行编辑，如图4-54所示。选择Generate video（生成视频），可以以此图为基础生成视频，如图4-55所示；单击生成的视频，可以在右侧画布中对其进行编辑，如图4-56所示。

图4-52

图4-53

图4-54

图4-55

图4-56

2.使用Magic Media进行文生视频

切换到Videos（视频）模式，与Images模式一样，也需要输入提示词，如图4-57所示。同样，设置完成后单击Generate video（生成视频）按钮 Generate video ，即可生成视频，如图4-58所示。单击生成的视频，可以在右侧画布中对其进行编辑，如图4-59所示。

图4-57   图4-58

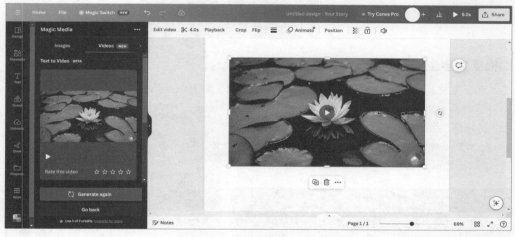

图4-59

4.3.3 Pika Labs

Pika Labs被称为视频领域的Midjourney，两者都基于Discord社区。下面介绍操作方法。

01 进入Pika Labs的官网，单击JOIN BETA（加入测试）按钮 JOIN BETA → ，会跳转到Discord邀请界面，单击"接受邀请"按钮 接受邀请 ，如图4-60所示。接下来使用Discord账号登录即可。

图4-60

02 进入Discord，切换到Pika Labs频道，单击左边的generate-1~9聊天室，如图4-61所示。Pika Labs提供了两种生成视频的方式，一种是以文字生成视频，另一种是根据图像生成视频。

图4-61

1.根据文字生成视频

在下方输入/create，在弹出的prompt框内输入描述，如图4-62所示。

笔者希望生成一段"一个美丽的女孩在户外看书"的视频，将描述翻译为英文，并设定视频比例为2：3，清晰度为4K，生成结果如图4-63所示。

A beautiful girl reading books, outdoors, 4K -ar 2:3

图4-62

图4-63

将鼠标指针移动至视频上方，即可根据提示图标进行下载和保存。

2.根据图像生成视频

同样输入/create，然后选择prompt框外的"增加1"，这时候会弹出image上传区域，单击即可从本地上传图像，如图4-64所示，接着输入有关画面内容及动作的描述，即可生成视频。

Pika中也有一些后缀参数可以使用，常用的有以下5项。

◇ -gs（guidance scale）：生成的视频与文本的关联程度，建议数值范围为8~24，数值越高，视频内容与提示词的关联性越强，如a girl in the wind -gs 15。

◇ -neg（negative prompt）：反向提示词，从视频中排除不需要的元素，如-neg human。

◇ -ar（aspect ratio）：横纵比，如16：9、1：1、2：3等。

◇ -seed：种子编号，用于生成内容较为一致的视频，种子编号会显示在生成好的文件名中。

◇ -motion：画面的运动幅度，可选数值为0、1、2。

图4-64

第 **5** 章

自媒体视频
制作实训

5

本章将介绍如何使用多款AI工具配合剪映进行自媒体视频的制作，涉及的软件包括Runway、Midjourney、Stable Diffusion、ChatGPT等。

5.1 自媒体视频AI制作全流程

作为互联网发展的产物，自媒体正在悄然改变人们的生活方式。随着社交媒体平台和在线用户生产内容平台的崛起，这种影响愈发显著，普通人得以借此分享观点、经验和作品给观众。当前，自媒体时代涌现出诸多视频创作平台，如哔哩哔哩、抖音、优酷等。

以抖音为例，短视频制作需遵循5个步骤：主题确定、脚本撰写、拍摄执行、后期制作和上线投放。但如果使用AI工具来制作短视频，工作量会大幅度降低。接下来将运用ChatGPT、Stable Diffusion、Runway等AI工具制作自媒体视频。效果如图5-1所示。

图5-1

5.1.1 确定主题

每个视频都应传递清晰的信息，这些信息可以是具体的，如知识点、日常生活、过程描述或者技能演示；也可以是抽象的，如感受、情绪、状态或思考。各类视频均遵循这一原则，包括美妆、游戏、可爱宠物、知识科普、情感表达、搞笑、娱乐及健身等。

具体的主题通常围绕特定事物展开讨论，而抽象的主题则更注重对感受的描述，如情绪变化、感人瞬间和深刻体验等。尽管主题内容一致，但不同的表现方法将带给观众完全不同的观看体验。本例选择以健身为主题，标题定为"健身使我们成为更好的自己"，题材为个人成长故事。

5.1.2 用ChatGPT撰写分镜脚本

选定主题后，接下来的操作是利用ChatGPT编写分镜脚本。可以为ChatGPT提供一些基础信息或场景设定，它能够生成台词或场景描述，有助于加速创作流程并提供多元化的选择。同时，ChatGPT能够提供独特的创意和观点，帮助创作者在剧本创作过程中拓展思维。通过生成各种设定和场景，它能为创作者提供创作灵感，以及探讨和开发不同的故事线和角色弧。

笔者的想法是先确定视频的时长，然后构思基本的故事情节。构想如下。

写一个15秒的剧本，由5个3秒时长的视频组成，故事讲述的是一个男人在工作、社交、生活中逐渐发现健身的重要性，于是开始尝试健身，用多种方式健身，从而改变自己，变得更加自信。

英文翻译如下。

Please write a 15-second script, composed of five 3-seconds, the story is about a man in work, social, life gradually found the importance of fitness, so began to try fitness, with a variety of ways to fitness, thereby changing himself and becoming more confident.

为了使得到的结果更加清晰，可以要求ChatGPT使用表格格式，内容包括"镜头编号""场景描述""人物动作""对话"。英文翻译如下。

Use table format, including "number of shots","scene description","character action ", " dialogue ".

将两段英文合并在一起，在ChatGPT中输入，并按Enter键发送，如图5-2所示。ChatGPT的回复如图5-3所示。

Please write a 15-second script, composed of five 3-seconds, the story is about a man in work, social, life gradually found the importance of fitness, so began to try fitness, with a variety of ways to fitness, thereby changing themselves and becoming more confident. Use table format, including"number of shots","scene description","character action","dialogue".

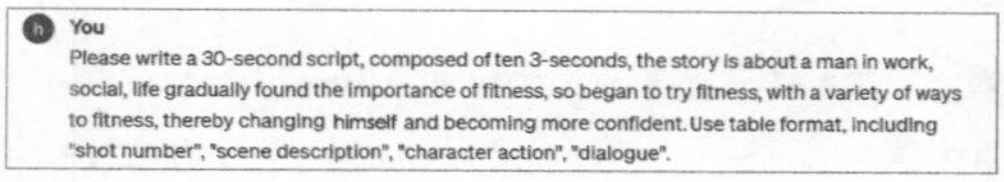

You
Please write a 30-second script, composed of ten 3-seconds, the story is about a man in work, social, life gradually found the importance of fitness, so began to try fitness, with a variety of ways to fitness, thereby changing himself and becoming more confident. Use table format, including "shot number", "scene description", "character action", "dialogue".

图5-2

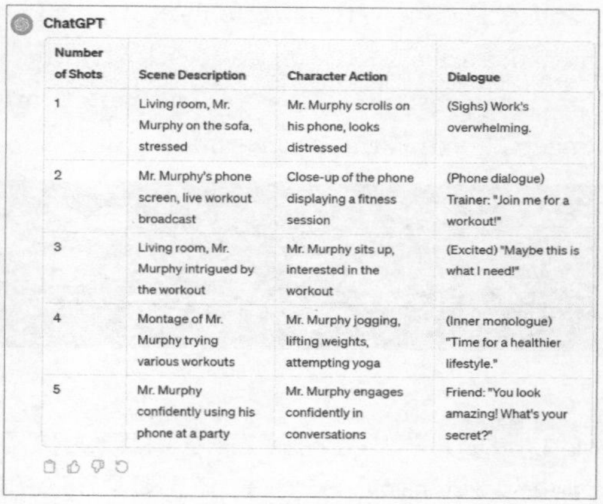

| ChatGPT | | | |
Number of Shots	Scene Description	Character Action	Dialogue
1	Living room, Mr. Murphy on the sofa, stressed	Mr. Murphy scrolls on his phone, looks distressed	(Sighs) Work's overwhelming.
2	Mr. Murphy's phone screen, live workout broadcast	Close-up of the phone displaying a fitness session	(Phone dialogue) Trainer: "Join me for a workout!"
3	Living room, Mr. Murphy intrigued by the workout	Mr. Murphy sits up, interested in the workout	(Excited) "Maybe this is what I need!"
4	Montage of Mr. Murphy trying various workouts	Mr. Murphy jogging, lifting weights, attempting yoga	(Inner monologue) "Time for a healthier lifestyle."
5	Mr. Murphy confidently using his phone at a party	Mr. Murphy engages confidently in conversations	Friend: "You look amazing! What's your secret?"

图5-3

ChatGPT将主人公定为了Mr.Murphy，并给出了5个分镜的详细设计。如果对具体内容不够满意，可以反复进行多次提问。另外，这里之所以使用英文形式，是因为后续的提示词都要使用英文，一开始就直接使用英文进行提问便于后续操作。

5.1.3 用Stable Diffusion生成分镜图

完成详尽的分镜制作后，理论上已经可以在Runway上生成视频了。然而在实际操作中发现，虽然输入的角色提示词保持不变，但是Runway生成的主角并不能保持连贯性，这将对视频的逻辑连贯性造成破坏。因此，在正式生成视频前，需要先利用Stable Diffusion生成一系列主角一致的分镜图像，然后再利用Runway进行视频制作。

1.分镜图1

01 打开Stable Diffusion，切换到"文生图"模式，下面生成第1个分镜。根据ChatGPT给出的第1个分镜的内容，在Stable Diffusion中输入提示词，如图5-4所示。

Mr.Murphy, a slightly fat man, was sitting on the couch in his living room, holding his cell phone and looking depressed, best quality.

图5-4

02 输入反向提示词可以剔除一些不合适的内容，如低质量、残缺、缺胳膊等，读者可以参考下列内容进行设置，如图5-5所示。重复出现的关键词可以起到提高权重的作用。

NSFW,(worst quality:2), (low quality:2), (normal quality:2), lowres, normal quality, ((monochrome)), ((grayscale)), skin spots, acnes, skin blemishes, age spot, (ugly:1.331), (duplicate:1.331), (morbid:1.21), (mutilated:1.21), (tranny:1.331), mutated hands, (poorly drawn hands:1.5), blurry, (bad anatomy:1.21), (bad proportions:1.331), extra limbs, (disfigured:1.331), (missing arms:1.331), (extra legs:1.331), (fused fingers:1.61051), (too many fingers:1.61051), (unclear eyes:1.331), lowers, bad hands, missing fingers, extra digit, bad hands, missing fingers, (((extra arms and legs))),

图5-5

> **技巧提示** 用户可以控制提示词的权重，即通过"括号+数字"的形式来让某些词语更加突出，例如，反向提示词中的(worst quality:2)，含义是"调节'最差品质'的权重为原来的2倍"。当然，也可以通过套括号的方式，每套一层，权重额外×1.1，例如(((extra arms and legs)))套了3层括号，权重为原来的1.331倍，从而控制提示词的优先级。

03 输入提示词后，进行尺寸的设置。抖音竖版视频的比例通常为9∶16，分辨率最好为1080px×1920px，所以分别设置"宽度"和"高度"为1080px和1920px，如图5-6所示。如果后续发现生成图片的速度过慢，也可以设置为对应的倍数，如540px和960px。

04 保持其他参数为默认状态，单击"生成"按钮，右下角的位置会出现一个进度条，如图5-7所示。等待1分钟左右，即可得到一张图片，如果对图片内容不满意，可以通过修改提示词或者重复生成来得到满意的效果。生成图效果如图5-8所示。

图5-6   图5-7   图5-8

> **技巧提示** Stable Diffusion支持一次性生成多张图片，如果觉得一次生成一张的效率太低，可以增加"总批次数"的数值。例如，增加到10，代表每单击一次"生成"按钮，就可以得到10张图片，如图5-9所示。

图5-9

2.分镜图2

根据ChatGPT的表格提示，读者可能认为应该输入的提示词如下。

Mr.Murphy, a slightly fat man, handheld mobile phone, the screen content is live fitness, the environment is in the living room.

但需要注意的是，第1个分镜和第2个分镜处于同一场景内，所以要保持主人公的穿着一致。在这里加入之前生成的图片中主人公的穿着，即Wearing an orange T-shirt, white shorts。选择"文生图"模式，输入提示词，保持和第1张图一样的反向提示词，单击"生成"按钮，如图5-10所示。生成结果如图5-11所示。

Mr.Murphy, a slightly fat man, handheld mobile phone, the screen content is live fitness, the environment is in the living room, Wearing an orange T-shirt, white shorts, best quality.

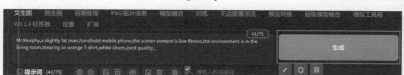

图5-10

图5-11

> **技巧提示** 要在Stable Diffusion中生成人物一致的一系列图片，可以使用统一的角色名称。Stable Diffusion会自动记住生成的一些人物，例如这里提示词为a slightly fat man的Mr.Murphy，后续再生成该角色时，就可以持续使用Mr.Murphy这一角色名称。当然，这并不能百分之百保证每次生成的角色都和第1次的完全一致，但可以增加角色一致的可能性。

3.分镜图3

第3个分镜想表现"主人公下定决心减肥"的状态，正向提示词如下。

墨菲先生，一个微胖的男人，穿着橙色的T恤，白色的短裤。照镜子，看着他的脸，神情坚定，手握拳，放在身前。

将其翻译为英文并设置权重。

(Mr. Murphy:2), a chubby man, wore an orange T-shirt and white shorts. Look in the mirror, look at his face, look firm, hands clenched in front of him.

01 将翻译后的英文提示词输入指令框，保持反向提示词不变。得到的效果如图5-12所示。

02 可以发现，图中的下方出现了问题。可以通过"图生图"模式中的"局部重绘"功能进行修正。切换到"图生图"模式，并切换到"局部重绘"功能区，然后上传有问题的图片，如图5-13所示。

03 上传图片后，使用"画笔"涂抹需要修改的部分，如图5-14所示。

图5-12

图5-13

图5-14

04 设置"蒙版模式"为"重绘蒙版内容","蒙版区域内容处理"为"空白潜空间",AI会根据图片中的环境自动生成符合环境的内容;继续设置"迭代步数"为30(控制在20到35之间即可),"采样方法"保持不变,如图5-15所示。注意,"宽度"和"高度"需要和之前保持一致,否则尺寸会发生变化,因为系统默认为512px和512px,所以这里需要分别调整为1080px和1920px,如图5-16所示。

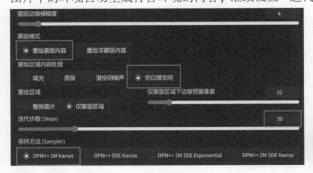

图5-15

图5-16

05 单击"生成"按钮,AI生成了一些镜子前可能会出现的物品,较好地覆盖了之前的错误内容,如图5-17所示。

图5-17

> **技巧提示** Stable Diffusion会将所有生成的图片保存在outputs文件夹中,其中包含文生图、图生图等各种模式下生成的图,如图5-18所示。如果读者没有单独下载图片,可以直接在文件夹中找到之前生成的图片,并且图片的名称是当时生成图片时输入的提示词,十分方便。
>
> | modules | 2023/11/21 20:15 | 文件夹 | | img2img-images | 2023/11/26 12:55 | 文件夹 |
> | outputs | 2023/11/25 10:58 | 文件夹 | | txt2img-grids | 2023/11/25 20:15 | 文件夹 |
> | python | 2023/11/21 20:18 | 文件夹 | | txt2img-images | 2023/11/25 20:17 | 文件夹 |
> | repositories | 2023/11/21 20:18 | 文件夹 | | | | |
>
> 图5-18

4.剩余分镜图

后面的分镜图依旧按照前面的步骤进行绘制,接下来的剧情是"主人公奋发图强,开始不断地锻炼",具体过程就不赘述了,效果参考如图5-19所示。

图5-19

> **技巧提示** 可以通过更改主人公的"服装""运动项目""环境"等提示词,来表现主人公在日复一日地坚持运动。当然,直接使用Stable Diffusion的批量生成功能也可以达到同样的效果。

5.1.4 用Runway生成视频片段

这一步的操作比较简单，因此仅简单演示。

在Runway主界面选择Text/Image to Video工具，然后切换到IMAGE模式，将第1个分镜图拖曳到图片上传区域，单击Generate 4s按钮 Generate 4s ，如图5-20所示。生成的视频如图5-21所示。

图5-20

技巧提示 视频加载完毕后如果对效果满意，可以单击Extend 4s（拓展4秒）按钮 Extend 4s ，对视频时长进行延长。在调整满意后即可导出视频，然后用同样的方法，对其他分镜图进行视频生成。

图5-21

5.1.5 剪映后期剪辑

虽然生成的视频有4秒或8秒，但场景变化比较大，在剪辑时可以大胆裁剪，例如一个片段剪辑后的长度一般是0.5~2秒，加速1.5~3倍。

打开剪映，将生成的视频片段进行上传，如图5-22所示。调整时间轴上的素材，拼凑完整的故事，如图5-23所示。可以对视频进行倍速改变、画面缩放等操作，如图5-24所示。

图5-22

图5-23

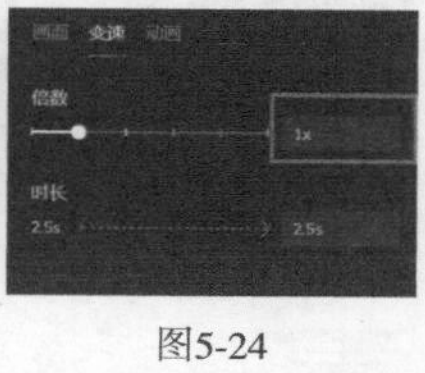

图5-24

技巧提示 剪辑过程中对主观能动性的要求比较高，所以这里就不具体演示了。如果读者想了解详细的操作过程，可以观看教学视频。笔者建议读者根据自己的需求大胆剪辑。

5.1.6 用剪映添加音乐与字幕

接下来为剪辑好的视频添加背景音乐和字幕。

01 选择媒体素材区中的"音频",根据主题类型选择VLOG,如图5-25所示。在下方提供的音乐中选择合适的背景音乐,单击"添加"按钮 ⊕,将音频添加到时间轴中,如图5-26和图5-27所示。

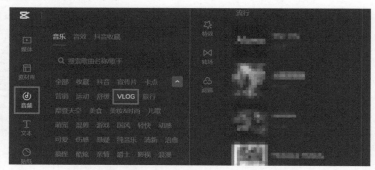

图5-25

图5-26

图5-27

02 生成字幕。选择"文本",如图5-28所示。选择文本样式,并输入文本。读者可以自行设置"字体"、"颜色"、文本的大小和位置等参数。根据故事情节,在第1幕中添加主人公的心理活动,如图5-29所示。对于后续字幕,读者可以采用上述方法继续操作。

图5-28

图5-29

技巧提示 至此,使用AI工具和剪映制作自媒体视频的流程和方法已介绍完毕,建议读者多发挥自己的主观能动性。如果读者的操作比较生疏,可以观看教学视频,了解详细的操作过程。一切处理好后,单击剪映中的"导出"按钮 ⬆导出,即可导出视频。

5.2 动画片再创作

很多自媒体博主都会对已有的动漫剧本、童话剧本进行再创作。在以前,受限于画师、动画师、剪辑师等多个工种的分工和技术要求,这类作品的创作门槛较高。随着AI工具的引入,现在越来越多的自媒体博主开始参与创作。本例主要使用"5.1 自媒体视频AI制作全流程"中的方法制作视频素材片段,然后使用剪映和AI工具进行剪辑等,效果如图5-30所示。

图5-30

5.2.1 制作字幕与旁白

01 选择媒体素材区中的"文本",然后单击"新建文本",用默认文本格式新建文本,如图5-31所示。

02 将豆包生成的童话剧本复制进文本框中,如图5-32所示。

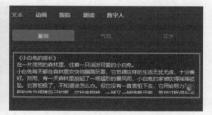

图5-31 图5-32

03 选择合适的音色来朗读文本。本例选择"元气少女"并进行自动朗读,如图5-33和图5-34所示。

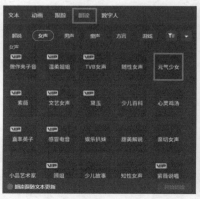

图5-33 图5-34

04 现在看到音频出现在了时间轴中,如图5-35所示。目前,文本字幕和朗读的音频内容并没有对应起来,此时需要用到"智能字幕"功能。单击"文本",然后单击"智能字幕"选项,在"文稿匹配"一项中勾选"同时清空已有字幕",然后单击"开始匹配"按钮,如图5-36所示。

图5-35

图5-36

05 页面中会弹出一个文本框,将童话剧本复制进去,单击"开始匹配"。新的字幕会分段显示在时间轴中,此时字幕与朗读音频是对应的。这一步完成后,字幕和旁白的制作就完成了。旧的字幕已经没有用了,可以删除,如图5-37所示。

图5-37

技巧提示 可以根据画面需要适当调整字幕样式。全选字幕文本,如图5-38所示。

图5-38

在属性区单击"文本",选择"基础"选项卡,把字号放大,可以设置为8号,如图5-39所示。
选择"花字"选项卡,选一个心仪的样式,如图5-40所示。

图5-39

图5-40

5.2.2 导入视频

01 将所有视频素材导入剪映，如图5-41所示。

02 将所有视频素材拖曳到时间轴上。视频顺序需与字幕一一匹配，读者可根据自己对于画面的理解，自行安排，如图5-42所示。

图5-41

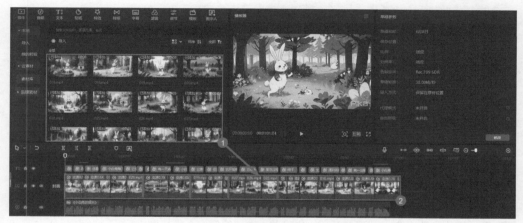

图5-42

技巧提示 在合成视频的过程中，可能会遇到素材不足或视频时长与旁白、字幕时长不一致的情况。此时，可以使用"变速"功能灵活调整视频片段的长度。单击需要调整的视频片段。在属性区单击"变速"，在"时长"参数设置框中直接输入目标时长，如3.3秒，如图5-43所示。读者根据实际需要输入数值即可。通过这种方式，所有视频片段都可以与旁白和字幕对齐。

图5-43

5.2.3 制作背景音乐

01 打开Stable Audio，单击左下角的Try now（现在试一试）按钮，如图5-44所示。

02 进入工作台，在指令框中输入相关的提示词。现在要为故事开头配一段轻快的音乐，输入提示词，并生成音乐，如图5-45所示。

图5-44　　　　　　　　　　　　　　　　　　　　图5-45

03 在右侧面板试听生成的音频，如果感觉不错，可以下载下来，如图5-46所示。

图 5-46

04 用同样的方法多生成几段音乐，如平静的、忧郁的等，这些都可以应用于视频制作中。在剪映中添加背景音乐，找到通过Stable Audio生成的本地音频文件，然后将其拖曳到时间轴中即可，如图5-47所示。

图5-47

05 单击导入的音频素材,适当设置音量和淡入、淡出参数。视频中最重要的音频部分是旁白,其次是背景音乐,因此背景音乐的音量不宜过大。为了避免音乐显得突兀,适当增加淡入和淡出的效果,具体参数设置如图5-48所示。

06 为不同的情节走向配上不一样情绪的背景音乐,会让视频更生动。将多条音频拼接在一起,如图5-49所示。

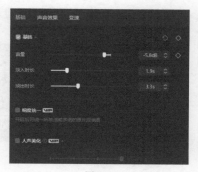

图5-48

图5-49

5.2.4 添加音效

得益于剪映丰富的素材库,音效添加起来十分方便。用户可以迅速匹配到所需音效,并在云端试听效果后,立即下载到本地使用,如图5-50所示。

01 为视频添加"雷声"音效。在媒体素材区单击"音频",选择"音效素材",搜索"雷声"。选择一个合适的音效,并将其拖曳到时间轴中的指定位置,大约在14秒处,如图5-51所示。这样就为视频添加了一个音效。多数情况下,音效的音量可能会过大,此时需要手动降低音效的音量,使其能够自然融入背景音乐和画面中。

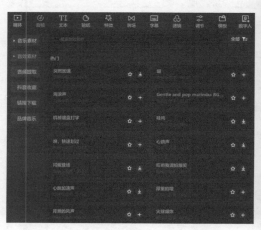

图5-50

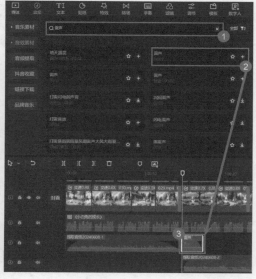

图5-51

02 其他音效均以相同的方式进行添加并调节。读者可以根据图5-52所示的参考,自行添加相应的音效。音效的目的是让视频更逼真,因此并不是越多越好。恰当的音效通常比数量庞大的复杂音效要好得多。本案例用到的音效还有"草原白天""流水声""小萝莉哭泣声""搬运木头叠木头撞击声""萌娃叫声"。读者可以根据名称,自行搜索相应的音效,然后拖曳到时间轴上。

图5-52

5.2.5 添加特效

为视频添加一些特效。这里以"下雨"特效为例说明。单击"特效"选项卡中的搜索框,输入"下雨效果",将搜索到的目标特效添加到轨道中,这样就可以为画面再叠加一层下雨效果了,如图5-53所示。

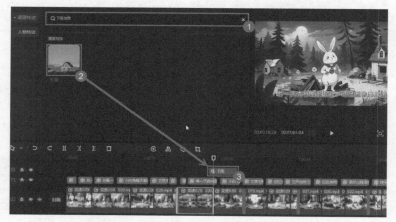

图5-53

5.3 美食自媒体视频(手机版)

美食视频受众广泛,内容无论是吃播还是美食推广,都深受大众喜爱。本例将用剪映手机版制作美食视频,效果如图5-54所示。

图5-54

01 从相册中挑选理想的图片。可以一次性导入多张图片，但为了保证加载效率和视频的流畅性，建议不要超过30张。选好后，点击屏幕右下角的"下一步"，如图5-55所示。系统将自动完成图片到视频的转换，并进入视频编辑页面。

02 点击底部工具栏中的"模板"按钮，为视频选择合适的模板。如果对模板中的画面或文字效果不满意，可以进行个性化编辑。无论是调整字体大小、颜色，还是更改画面布局，都能轻松实现，如图5-56所示。

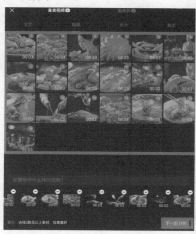

图5-55   图5-56

03 点击底部工具栏中的"文字"按钮，如图5-57所示。修改视频中的文字内容，无论是标题字幕还是特效文字，都能调整和优化。同时，剪映提供丰富的字体、颜色和动画效果选项，可以使文字更生动有趣，为视频增添亮点。

04 根据个人的创意和想法，直接点击屏幕上的文字区域，修改和调整文字内容，如图5-58所示。

图5-57   图5-58

技巧提示 手机版剪映的操作简单，但功能不如专业版丰富，读者可以自行选择，并在操作的时候尝试更多可能，书中的步骤仅供参考。

5.4 微电影

AI视频制作工具的诞生让每个人都有可能成为电影导演。大家只需将剧本输入工具中，就能得到一部相对完整的电影，这很大程度上降低了电影制作的难度和门槛。虽然目前AI产出的视频质量还有提升的空间，但对于兴趣爱好者和灵感展示者等个人用户来说，已经足够了。本例制作一部太空主题的科幻微电影，效果如图5-59所示。

图5-59

5.4.1 片头

直接以宇航员的身影作为开始有些突兀，所以希望能够以旁白的方式引出正片，同时完善整个故事背景。

01 将故事背景设定为"地球因为某些原因不再适合居住，人类踏上了寻找下一个家园的旅程"，将这个设定交给ChatGPT生成一段开场白，具体对话如图5-60所示（图中内容和下列英文由ChatGPT生成、浏览器自动翻译，无法保证用词、语法等完全正确，以下同。且部分内容会有所不同，请读者以自己的页面为准）。

Once upon a time, Earth was our cherished home, a lush cradle of life in the vast cosmos. But now, its gardens wither, its skies darken, and we, the children of a dying world, must look to the stars.Our journey is one of desperation and hope, aboard vessels cast into the infinite, seeking a new sanctuary among the heavens. This is the dawn of our greatest Odyssey—to find a new Earth amongst the celestial wilderness. Project Nova Terra

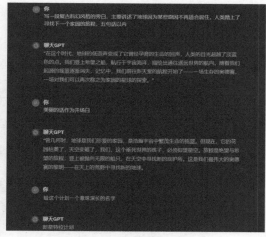

图5-60

02 笔者希望这一段开场白由AI工具念出。推荐使用ElevenLabs，这是一款强大的在线AI语音生成工具。打开ElevenLabs（界面内容由浏览器自动翻译为中文），选择"文字转语音"功能，如图5-61所示。

03 将在ChatGPT中得到的开场白内容复制到ElevenLabs的文本框中，如图5-62所示。

图5-61

Once upon a time, Earth was our cherished home, a lush cradle of life in the vast cosmos. But now, its skies darken, and we, the children of a dying world, must look to the stars. Our journey is one of desperation and hope, aboard vessels cast into the infinite, seeking a new sanctuary among the heavens. This is the dawn of our greatest Odyssey—to find a new Earth amongst the celestial wilderness.

Project Nova Terra

图5-62

04 选择语音。Eleven Labs提供了多种不同国家（地区）、语气、语调和场景的语音选项，这里选择噪音比较浑厚的"亚当"，如图5-63所示。

图5-63

05 在"语音设置"处调节"稳定""清晰度+相似度增强""风格夸张""扬声器增强"等参数，如图5-64所示。

图5-64

06 选择模型。这里提供了ElevenLabs的多个语言模型，本例选择英语，如图5-65所示。单击"产生"按钮 产生 即可生成音频，确认无误后将其下载并保存到本地。

07 将音频导入CapCut。为了使这段旁白更具风格色彩，突出复古科幻的感觉，可以使用CapCut中自带的"声音效果"。在前面的部分使用带有沙沙声噪点的"黑胶"，如图5-66所示。另外，建议在最后引出本片的名字——Project Nova Terra时使用"回音"。

图5-65

图5-66

08 准备片头的画面。让ChatGPT为片头生成一些镜头描述，并用Midjourney生成图片、Runway生成视频片段，如图5-67和图5-68所示。因为前面已经介绍过相关操作方法，这里就不再演示了。

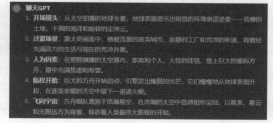

图5-67

图5-68

5.4.2 正片

正片部分的视频素材同样由Runway生成，此处不赘述。正片部分的剪辑与片头的剪辑思路一致，即裁剪掉出现问题的画面，在缺少内容、连接不通顺处补充画面。在剪辑时需要留意，对于画面质量不佳的片段，可以使用Topaz Video AI来提升画质，如图5-69所示。

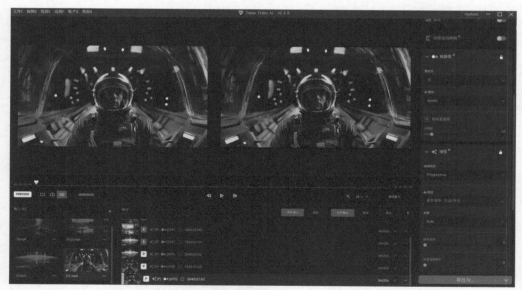

图5-69

正片的背景音乐非常重要，它会为整部影片奠定情感基调。当然，音乐并不需要充满整个影片，适当的留白有时会更让人印象深刻。我们可以在素材网站搜索音乐，也可以写一首专属乐曲。下面介绍两个笔者觉得不错的AI音乐生成平台，分别是AIVA（艾瓦）和Stable Audio。

1.AIVA

为方便理解，界面中的文字均由浏览器自动翻译，可能有部分内容不够准确。

01 单击"创建曲目"按钮 ，如图5-70所示，可以选择4种创建方式。

图5-70

02 这里通过选择"风格"中"样式库"里的音乐样式来进行创建，如图5-71所示。

03 选择一个风格后，可以在弹出的对话框中设置生成音乐的调号、时长和数量，如图5-72~图5-74所示。

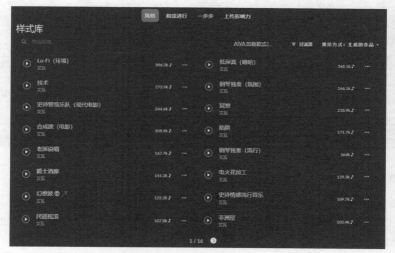

图5-71

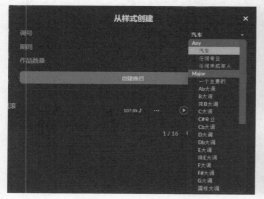

图5-72

图5-73

图5-74

04 还可以通过调整和弦的方式创建，具体操作方法见教学视频，如图5-75和图5-76所示。

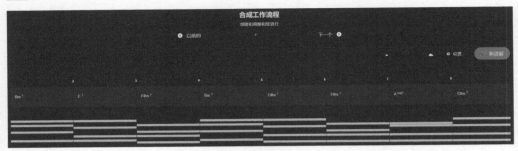

图5-75

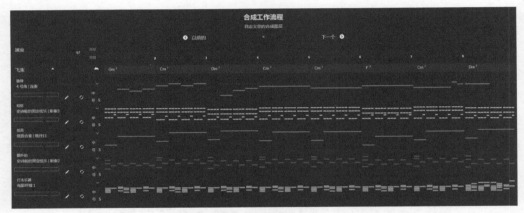

图5-76

2.Stable Audio

AIVA主要通过调整调号、和弦等方式生成音乐，但是这要求用户有一定的乐理基础。如果读者使用AIVA比较吃力，又想对生成的音乐有一定控制权，那么可以使用Stable Audio，生成方式为较为熟悉的提示词生成。界面同样由浏览器自动翻译，可能有部分翻译不准确。

01 单击左下角的"生成音乐"按钮 生成音乐 ，如图5-77所示。

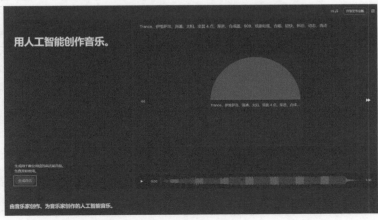

图5-77

02 输入提示词。提示词不仅要有歌曲风格，还要有节拍、使用的乐器等内容，这样生成的音乐才能更符合需求，如图5-78所示。

03 在"提示库"中选择曲风，如图5-79所示。继续选择"持续时间"，控制音乐时长，如图5-80所示。另外，还可以调整提示词强度等其他参数，如图5-81所示。

图5-80

图5-81

图5-78

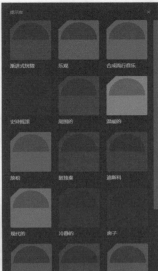

图5-79

5.4.3 片尾

将音乐与画面片段进行对应后，整个视频的制作也就基本完成，接下来需要以一句升华主题的句子作为结尾，如图5-82所示。

未知不仅是恐惧的源泉，也是勇气的试金石。

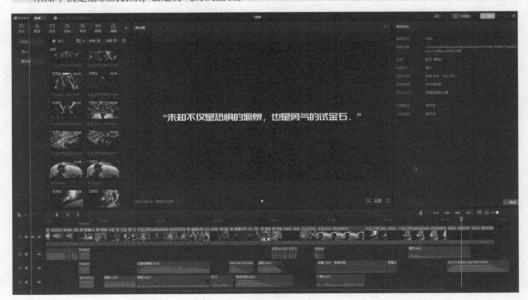

图5-82

5.5 二十四节气宣传片

本案例是一个较为完整且庞大的项目，主要由3个部分构成。

第1部分是利用语言类AI工具豆包和Kimi生成脚本及相关文本内容。

第2部分是图片生成，根据豆包构建的脚本，使用AI工具来生成图片。为避免读者在本地部署Stable Diffusion时出现故障或硬件性能不足的情况，本案例选用在线版SD工具Liblib和即梦。

第3部分是视频生成，本案例使用的是Runway，读者也可以使用其他AI视频生成工具，如即梦、Pika、Pixverse等。

效果如图5-83所示。

图5-83